U0187965

知
味

寻味历史

中国茶

张朋兵 编著

北方联合出版传媒(集团)股份有限公司

万卷出版有限责任公司

ⓒ 张朋兵 2024

图书在版编目（CIP）数据

中国茶 / 张朋兵编著. —沈阳：万卷出版有限责
任公司，2024.4
（寻味历史）
ISBN 978-7-5470-6422-1

Ⅰ.①中… Ⅱ.①张… Ⅲ.①茶文化—中国—通俗读
物 Ⅳ.①TS971.21-49

中国国家版本馆CIP数据核字（2023）第239166号

出 品 人：王维良
出版发行：北方联合出版传媒（集团）股份有限公司
　　　　　万卷出版有限责任公司
　　　　　（地址：沈阳市和平区十一纬路29号　邮编：110003）
印 刷 者：辽宁新华印务有限公司
经 销 者：全国新华书店
幅面尺寸：145mm×210mm
字　　数：170千字
印　　张：8
出版时间：2024年4月第1版
印刷时间：2024年4月第1次印刷
责任编辑：邢茜文
责任校对：张　莹
装帧设计：马婧莎
ISBN 978-7-5470-6422-1
定　　价：39.80元
联系电话：024-23284090
传　　真：024-23284448

常年法律顾问：王　伟　版权所有　侵权必究　举报电话：024-23284090
如有印装质量问题，请与印刷厂联系。联系电话：024-31255233

序言

中国是茶的故乡，中国人种茶、制茶、饮茶的历史至少已有四五千年。陆羽《茶经》说："茶之为饮，发乎神农氏，闻于鲁周公。"约在神农时期，茶及其药用价值被发现。距今约三千年的西周时，古蜀国已开始种茶。秦汉时，茶提神醒脑的功效逐渐代替了药用价值，人们一般把采集、晒干之后的茶叶放入锅内煮成羹汤直接饮用，三国荆楚一带还会把炙烤的茶饼捣碎，冲入沸水辅之以葱、姜等调味品。两晋南北朝时，茶在门阀士族间流行开来，并成为贵族风流雅集的饮品，出现了"以茶当酒"的习俗。随着佛教的东传，茶与佛教亦结下了不解之缘，饮茶、茶点受到僧侣的推崇和喜爱。

到了唐代，饮茶蔚然成风，饮茶方式有了较大改进。唐朝人为了去除茶的青草腥味，发明了"蒸青法"，即将采摘来的鲜茶熏蒸后碾碎，制成茶饼，方便焙干保存。当时也出现了真正意义上的饮茶场所——茶室，一些大的城市都有卖茶的店铺，店铺里摆满了各种茶叶，代客煎茶。歌咏茶叶的诗文涌现，卢全、白居易等留下了一大批吟咏茶叶的作品。唐代还诞生了中国乃至世界上第一部茶的理论专著——《茶经》，对茶之起源、生产加工、烹煮品饮，以及诸多茶事活动进行了深入的分析和总结，使茶成为了一门专门的学科而进入大众视野，作者陆羽也因此被奉为"茶圣"。

宋代是茶的黄金期，茶业得到了极大发展。宋代茶肆、茶坊大量出现，并形成了与茶有关的系列礼仪与习俗。宋人喜欢品茗斗茶，民间茗战、点茶风气盛行，还成立了专门的社团。文人们的茶诗、茶画作品更是不计其数，饮茶专著有书法家蔡襄的《茶录》和宋徽宗赵佶的《大观茶论》等，宫廷的贡茶和茶宴、茶仪的大规模举行又把茶文化的地位不断抬高。宋代还专门设立茶马司，与周边少数民族进行茶马互市。宋代制茶技术进一步发展，将唐时穿茶发展为团茶，出现了名目繁多的茶叶精品。茶成了人们日常生活中不可替代的一部分：迁徙要"献茶"，来客须"敬茶"，订婚叫"下茶"，结婚称"定茶"，同房谓"合茶"。宋代茶事兴旺，茶与其他相关艺术不断结合，一度将茶文化推向了高峰。

到了明代，开国皇帝朱元璋把团茶改为散茶，化繁为简，碾末而饮的唐宋煮茶点饮法变成了沸水冲泡的瀹饮法。文人也普遍反对在茶里添加果实、花朵或香草，追求茶的清饮，回归茶叶本色，这一饮茶习惯也一直延续至今。清代茶文化走向体系化，并与老百姓的日常生活、伦常礼仪融为一体，逐渐向一个稳定、多样化的方向发展。

随着对茶和饮茶文化的了解，人们已不限于采摘茶叶，而是开辟茶园、种植茶叶。茶的加工技艺逐渐成熟，因加工方式的不同产生了六大茶类。茶不仅被当作饮品、药物服用，更是延伸出了许多精神内涵，升华出了浓厚的文化意义。中国茶文化对茶质优劣的品评，对水和茶具、饮茶的时间和场合、冲泡和品饮的方式，以及饮茶人都有明确的要求。

在茶的流传过程中，各地形成了别具一格的饮茶习俗：广东早茶，四川盖碗茶，福建功夫茶，西藏酥油茶，内蒙古奶茶……不同的茶俗茶趣，构成了丰富多彩的中国茶文化。中国茶还随着文化交流传至世界各地。日本僧人从中国带回的茶籽、制茶技术和茶具，发展成了后来的日本茶道。茶叶也随着"茶马古道""丝绸之路"等远赴南亚、中亚、西亚，甚至是更远的欧洲，影响了欧美世界圈的"下午茶"文化。

本书以作品选读的方式，向读者介绍茶之历史、茶中名品，文人墨客歌咏茶的诗文作品、茶事茶趣，茶的理论专著和品茶、鉴茶的诸多方法，以及一些各地的茶艺茶俗，方便读者朋友们了解中国茶、感受中国茶文化的博大精深、源远流长。

目录

逸趣横生的茶事茶闻 / 105

花样迭出的茶俗风情 / 131

品类多样中国茶

名噪一时玉泉仙人掌茶

据《玉泉寺志·词翰篇》记载，仙人掌茶产于"荆州玉泉寺"附近的"清溪诸山"。这一带环境优美，"山洞往往有乳窟，窟中多玉泉"，该茶即生于"此中石上，叶枝如碧玉，制成后，拳然重叠，其状如手"，故名"仙人掌茶"。此茶"清香滑热，异于他者"，能"还童振枯，扶人寿"。当时玉泉寺住持玉泉真公经常采而饮之，年八十余岁，颜色"如桃花"，仍保持童颜。

唐玄宗天宝十一载（752年），李白与侄儿中孚禅师在金陵（今江苏南京）栖霞寺不期而遇，中孚禅师以仙人掌茶相赠并要李白以诗作答，遂有此作。这首诗写名茶"仙人掌茶"，是"名茶入诗"最早的诗篇。李白用雄奇豪放的词句，把仙人掌茶的出处、品质、功效等作了详细的描述，因此这首诗成为重要的茶叶资料和咏茶名篇。

答族侄僧中孚赠玉泉仙人掌茶（并序）①

李　白

余闻荆州玉泉寺近清溪诸山②，山洞往往有乳窟③，窟中多玉泉交流，其中有白蝙蝠，大如鸦。按《仙经》，蝙蝠一名仙鼠，千岁之后，体白如雪④，栖则倒悬，盖饮乳水而长生也⑤。其水边处处有茗草罗生⑥，枝叶如碧玉。惟玉泉真公常采而饮之⑦，年八十余岁，颜色如桃李。而此茗清香滑热，异于他者，所以能还童振枯，扶人寿也。余游金陵，见宗僧中孚，示余茶数十片，拳然重叠，其状如手，号为"仙人掌茶"。盖新出乎玉泉之山，旷古未觌⑧。因持之见遗，兼赠诗，要余答之，遂有此作。后之高僧大隐，知仙人掌茶发乎中孚禅子及青莲居士李白也。

常闻玉泉山，山洞多乳窟。

仙鼠如白鸦，倒悬清溪月。

茗生此中石，玉泉流不歇。

根柯洒芳津，采服润肌骨。

丛老卷绿叶，枝枝相接连。

曝成仙人掌，似拍洪涯肩⑨。

举世未见之，其名定谁传。

宗英乃禅伯，投赠有佳篇。

清镜烛无盐⑩，顾惭西子妍⑪。

朝坐有余兴，长吟播诸天⑫。

【注释】

①中孚：即中孚禅师，原名李英，在荆州（今湖北当阳）玉泉寺为僧，通佛理，善词翰，尤喜品茶。并序：一般出现在诗文的题目或前言中，"并"，有"连""附""并且"等含义，如《孔雀东南飞（并序）》，内容经常是与诗文密切相关的人、事、物的介绍。

②玉泉寺：据史书记载，玉泉寺在荆门军当阳县西南二十里处，隋大业年间建。清溪诸山：在南漳县临沮城界内，其山高峻，东有泉。

③乳窟：石钟乳丛生的洞穴。

④体白如雪：《抱朴子》云，"千岁蝙蝠，色如白雪，集则倒悬，脑重故也。"据《述异记》载，荆州清溪秀壁诸山，山洞往往有乳窟，窟中多玉泉交流。中有白蝙蝠，大如鸦。按《仙经》云：蝙蝠一名仙鼠，千载之后，体白如银，栖则倒悬，盖饮乳水而长生也。太白此序所谓"余闻"者，盖本之于此。

⑤饮乳水而长生：《本草拾遗》云，乳穴水，近乳穴处流出之泉也。人多取水作饮、酿酒，大有益。其水浓者，称之，重于他水；煎之，上有盐花，此真乳液也。

⑥茗草：即茶树。

⑦玉泉真公：即玉泉寺兰若真和尚。

⑧未觌（dí）：未见。

⑨洪崖：三皇时伎人。

⑩无盐：战国人齐无盐邑（今山东东平无盐）之女钟离春。钟离春相貌丑陋，但才华出众，素有大志，自荐进入王宫成为齐宣王王妃，促成齐国大治。

⑪西子：即西施，春秋时越国美女，据说有沉鱼落雁之容。妍：美丽。

⑫诸天：佛教典籍说三界共有三十二天，自四天王天至非有想非无想天，总谓之诸天。

侍读官程伯禹以赐茶寄汪敦仁教授蒙惠四胯以诗纪谢①

葛胜仲

讲罢清阴转绿槐，露芽珍赐下银台②。

品高迥压仙人掌③，味绝堪名瑞草魁④。

分贶虽从稽古出⑤，看题知自迩英来⑥。

晴窗碾试供诗社⑦，先听声轰万壑雷。

【注释】

①胯：即胯茶，产于福建。

②露芽：亦作"露牙"，茶名。银台：满月如台，发光像银，所以月亮被称为银台。这里指仙人居住的地方。

③高迥：高远，极高。

④魁：为首的；第一位的。

⑤贶（kuàng）：赠送。稽古：考察古事。

⑥迩英："迩英阁"的省称。迩英阁为宋代禁苑，义取亲近英才，故名。

⑦晴窗：明亮的窗户。

剑南石花蒙顶茶

  蒙顶茶因产地四川雅安蒙顶山而得名。相传西汉时，甘露普惠妙济大师吴理真，"携灵茗之种，植于五峰之中"，至今已有两千多年历史。茶树"高不盈尺，不生不灭，迥异寻常"，久饮该茶，有益脾胃，能延年益寿，故有"仙茶"之誉。唐玄宗天宝元年（742年），蒙顶茶成为贡品，作为土特产入贡皇室。李肇撰《唐国史补》记载："剑南有蒙顶石花，或小方，或散芽，号为第一。"清代蒙顶"仙茶"演变为皇室祭祀太庙之物，"皇茶园"外所产茶叶，开始列为正贡、副贡和陪贡。

谢人寄蒙顶茶

文　同

蜀土茶称圣①，蒙山味独珍②。

灵根托高顶，胜地发先春③。

几树惊初暖，群篮竞摘新④。

苍条寻暗粒，紫萼落轻鳞⑤。

的砾香琼碎⑥，蓬松绿趸均⑦。

漫烘防炽炭^⑧，重碾敌轻尘。

无锡泉来蜀^⑨，乾崤盏自秦。

十分调雪粉，一啜咽云津^⑩。

沃睡迷无鬼，清吟健有神。

冰霜凝人骨^⑪，羽翼要腾身^⑫。

磊磊真贤宰，堂堂作主人。

玉川喉吻涩，莫厌寄来频。

【注释】

①蜀土茶：蜀为四川简称，即为四川的茶叶。

②味独珍：味道独一无二。

③发先春：提前长出早春的茶芽。

④群篮：许多采茶人拿着竹篮。摘新：采摘新茶。

⑤萼：花萼。包在花的底部和外部。

⑥的砾：光亮、鲜明貌。

⑦逛（dǔn）：量词。古代计算整批货物的单位。

⑧漫烘防炽炭：采用低温慢慢烘焙茶叶，防止茶叶烤焦。

⑨惠锡泉：江苏无锡的惠山泉水。

⑩一啜咽云津：顿觉身心清爽。

⑪人骨：全身。

⑫腾身：身体仿佛腾空而起。

喜春来·赠茶肆①

李德载

蒙山顶上春先早，扬子江心水味高②。

陶家学士更风骚③。应笑倒，销金帐④，饮羊羔。

木瓜香带千林杏⑤，金橘寒生万壑水⑥，

一欧甘露更驰名⑦，恰二更，梦断酒初醒。

【注释】

①喜春来：中吕宫曲牌名，又称"阳春曲""喜春风""喜春儿"。小令兼用，亦入"正宫"。

②扬子江：本指今江苏省扬州市附近长江江段，后通称长江为扬子江。味高：水质好，味道好。

③陶家：烧制陶器的人。

④金帐：指精美的床帐或帷帐。

⑤千林杏：千百杏花的香味。

⑥寒生：贫苦的读书人。万壑：形容峰峦、山谷极多。

⑦欧：通"瓯"，指一杯。甘露：指蒙顶山上的蒙顶甘露茶。

世以山东蒙阴县山所生石藓①，谓之蒙茶。士大夫珍贵，而味亦颇佳，殊不知形已非茶，不可煮饮，又乏香气，而《茶经》之所不载。蒙顶茶，产四川雅州，即古蒙山郡。其《图经》云："蒙顶有茶，受阳气之全，故茶芳香。"《方舆胜览》《一统志土产》，俱载蒙顶茶。《晁氏客话》亦言："雅州也。"白乐天《琴茶行》云："李丞相德裕入蜀，得蒙饼，沃于汤饼之上，移时尽化，以验其真。"文彦博有《谢人惠蒙顶茶》诗云："旧谱最称蒙顶味，露芽云液胜醍醐②。"吴中复亦有诗云："我闻蒙顶之巅多秀岭，恶草不生生荈茗③。"今少有者，盖地既远，而蒙山有五峰，最高曰上清，方产此茶。且常有瑞云影相现，多虎豹龙蛇，人亦罕到故也。但《茶经》品之于次，若山东之蒙山，乃《论语》所谓东蒙主耳。

（《七修类稿》）

【注释】

①石藓：生在石上的苔藓。

②醍醐：比喻美酒。

③荈茗：皆为茶的别称。

茶之精品睦州鸠坑

　　鸠坑茶，古称"睦州鸠坑茶"，也叫鸠坑毛尖，产于睦州（今浙江淳安县）鸠坑源鸠岭一带。由于产地自然生态环境优越，树种优良，芽叶肥壮，茶质重实，色泽翠绿，气味芬芳而带熟栗子香，滋味浓厚醇爽。白际山东麓的二级阶地是"鸠坑种"的原产地，史上有名的贡茶"顶谷茶"（睦州贡鸠坑茶）和现代人们争相购买富有兰香的"谷雨茶"（高山云雾茶）也都生产于此。鸠坑茶历史悠久，汉代已有生产，在唐代较负盛名，为唐代十四种贡茶之一，名震东南，唐代陆羽专著《茶经》有关名茶和名种都提及"睦州鸠坑"。李肇《唐国史补》记载说："茶之名品益从……睦州有鸠坑。"杨华《膳夫经手录》载有"睦州鸠坑茶，味薄，研膏绝胜霍者"。五代十国毛文锡著《茶谱》也称"睦州之鸠坑极妙"。

鸠坑茶

范仲淹

潇洒桐庐郡[①]，春山半是茶。

新雷还好事，惊起雨前芽[②]。

【注释】

①潇洒桐庐郡：北宋名臣范仲淹的诗词十绝之一，言范仲淹前往两浙西路睦州赴任知州，远离了朝堂上的钩心斗角和尔虞我诈，逐渐接近山明水秀的睦州之地，表现其心境的豁然。桐庐郡：指当时的睦州，也就是后来的严州府，时为范仲淹担任睦州知州期间州府所在地。

②雨前芽：谷雨前采的春茶。

游鸠源中化

王 宾

匹马入茶庄，茶香满路傍。

花开忙蛱蝶[①]，风急响秋篁[②]。

草色侵南牖[③]，泉声到北床。

闻吟耽野兴[④]，荣辱两想忘。

【注释】

①蛱蝶：蝴蝶科的一种，翅膀呈赤黄色，有黑色纹饰，幼虫身上多刺，危害农作物。

②篁：竹林，泛指竹子。

③牖：窗户。

④野兴：指对郊游的兴致或对自然景物的情趣。

鸠坑源①，在县西七十五里，其地产茶，以其水蒸之，香味倍加……茶，旧产鸠坑者佳，称贡物②。（明嘉靖《淳安县志》）

【注释】

①鸠坑源：在黄光潭对涧，二坑分绕鸠岭，是新安江在淳安境内最上游的支流。鸠坑源上游又分大小二源。大鸠坑发源于竹山尖，经塘坪山、翠峰，至金塔村，与发源于鸠岭山的小鸠坑合流，经青苗村，到鸠坑口入新安江。

②贡物：旧时官吏、人民或属国献给帝王的物品。

按:《唐志》，睦州贡鸠坑茶，属今淳安县①。宋朝既罢贡，后茶亦不甚称②；而分水县有地名天尊岩生茶，今为州境之冠。分水盖析于桐庐③，鸿渐所云是已。（明万历《严州府志·遗事》）

【注释】

①淳安县：位于浙江省西部，今隶属于杭州市。东汉建安十三年（208年），孙权遣威武中郎将贺齐击山越，分歙县东之叶乡置始新县，历经改名，南宋绍兴元年（1131年）改淳化县为淳安县。

②不甚称：不怎么称赏。

③桐庐：浙江省杭州市下辖县，始建于三国吴黄武四年（225年）。1958年11月废新登、分水两县入桐庐。1960年8月又废富阳入桐庐，并隶属于杭州市。

隋置睦州，州境峪居多^①，地狭且瘠，谷食不足，惟蚕桑是务，更蒸茶割漆，以要商贾懋迁之利^②，大抵安于简易之政，扰之则生事。（《严州图经》）

【注释】

①峪：本意是指山谷，引申义为山谷或峡谷开始的地方，多用于北方地区。

②商贾（gǔ）：古代对商人的称呼，释为行商坐贾，行走贩卖货物为商，坐着出售货物为贾，二字连用，泛指做买卖的人。懋（mào）迁：贸易。

贡茶之最顾渚紫笋

产于浙江长兴顾渚山一带。"紫笋"一名，因陆羽《茶经》"紫者上，笋者上"而得名。在唐代，顾渚茶被列为皇家贡茶，称顾渚紫笋或湖州紫笋，名声很大，被历代文人誉为"茶中极品"。据史料记载，1200多年前，在顾渚山上建立了第一座皇家茶厂：大唐贡茶院。每年谷雨前，皇帝诏命湖、长两州刺史督造贡茶，顾渚山旗旐飘扬，太湖里画舫遍布，盛况空前。紫笋产制规模之大，"役工三万人"，"工匠千余人"，制茶工场有"三十间"，烘焙灶"百余所"，每岁朝廷要花"千金"之费生产万串（每串1斤）以上贡茶，专供皇室王公权贵享用。

每年初春时节清明之前，贡焙新茶——"顾渚紫笋"制成后，快马专程直送京都长安，呈献皇上。茶到之时，宫廷中一片欢腾，故有"十日王程路四千，到时须及清明宴"和"牡丹花笑金钿动，传奏吴兴紫笋来"等诗句。从唐代开始，经过宋、元，至明末，连续进贡876年。顾渚紫笋茶作为贡茶可谓进贡历史最久、制作规模最大、数量最多、品质最好、进贡时间最长的贡茶，顾渚紫笋可谓中国贡茶之最。

焙贡顾渚茶①

袁　高

禹贡通远俗②，所图在安人。

后王失其本，职吏不敢陈③。

亦有奸佞者④，因兹欲求伸。

动生千金费，日使万姓贫。

我来顾渚源，得与茶事亲。

氓辍耕农耒⑤，采采实苦辛。

一夫旦当役，尽室皆同臻⑥。

扪葛上敧壁⑦，蓬头入荒榛⑧。

终朝不盈掬⑨，手足皆鳞皴⑩。

悲嗟遍空山，草木为不春。

阴岭芽未吐⑪，使者牒已频⑫。

心争造化功，走挺麋鹿均⑬。

选纳无昼夜⑭，捣声昏继晨。

众工何枯栌⑮，俯视弥伤神。

皇帝尚巡狩，东郊路多堙⑯。

周回绕天涯，所献愈艰勤。

况减兵革困，重兹固疲民。

未知供御馀，谁合分此珍。

顾省忝邦守^⑰，又惭复因循。

茫茫沧海间，丹愤何由申^⑱。

【注释】

①焙：又称制茶（炒茶），即用温火烘茶。焙茶是为了再次去除茶叶中的水分，以便更好地保藏贮存。《焙贡顾渚茶》，一名《茶山诗》。

②禹贡：《尚书》篇目，记载夏禹治平水土及九州山岭、河流、土壤、物产、交通、贡赋等。

③职吏：专职的地方官。陈：陈述，述说。

④奸佞：奸邪谄媚。

⑤氓：农民。辍：停止。耒：古代的一种翻土农具，形如木叉，上有曲柄，下面是犁头，用以松土，可看作犁的前身。

⑥同臻：同往，同去。

⑦扪：攀扶。葛：葛藤。欹（yī）：倾斜不正。

⑧荒榛：杂乱丛生的草木，引申为荒芜。

⑨盈掬：一满把。

⑩皲（jūn）：皮肤破裂。

⑪阴岭：北面不当阳的山岭。

⑫牒：古代官府往来文书的名称之一。原是文书载体名称，指用竹或木制成的短简。将短简编连在一起也称为牒。

⑬挺：冒险前进。均：等同，一样。

⑭选纳：选取。

⑮工：焙制茶叶的工人。枯枡：因辛劳而憔悴干瘦。

⑯堙：堵塞。

⑰顾省：回想自己。忝：辱。邦守：郡守，即州刺史。

⑱丹愤：出于忠诚的激愤。申：申说。

茶山贡焙歌

李 郢

使君爱客情无已，客在金台价无比。

春风三月贡茶时，尽逐红旌到山里。

焙中清晓朱门开，筐箱渐见新芽来。

陵烟触露不停探，官家赤印连帖催。

朝饥暮匐谁兴哀，喧嗔竞纳不盈掬①。

一时一晌还成堆，蒸之馥之香胜梅②。

研膏架动轰如雷③，茶成拜表贡天子④。

万人争啖春山摧，驿骑鞭声春流电⑤。

半夜驱夫谁复见，十日王程路四千。

到时须及清明宴，吾君可谓纳谏君。

谏官不谏何由闻，九重城里虽玉食。

天涯吏役长纷纷，使君忧民惨容色⑥。

就焙尝茶坐诸客，几回到口重咨嗟⑦。

嫩绿鲜芳出何力，山中有酒亦有歌。

乐营房户皆仙家，仙家十队酒百斛。

金丝宴馔随经过，使君是日忧思多。

客亦无言征绮罗⑧，殷勤绕焙复长叹。

官府例成期如何！吴民吴民莫憔悴，使君作相期苏尔。

【注释】

①喧嗔：喧哗，热闹。

②馥：香味浓郁。

③研膏：谓研磨茶叶成团。

④拜表：上奏章。

⑤砉（huā）：形容迅速动作的声音。

⑥惨容：谓面色凄惨。

⑦咨嗟：叹气。

⑧绮罗：指穿着丝织品或丝绸衣服的贵族。

湖州贡焙新茶

张文规

凤辇寻春半醉回①，仙娥进水御帘开②。

牡丹花笑金钿动③，传奏吴兴紫笋来④。

【注释】

①凤辇：皇帝的车驾。寻春：踏春、春游。

②仙娥：美貌的宫女。御帘：皇帝、皇后用来遮蔽门窗的

明·唐寅 《斗茶图》

唐·周昉 《调琴啜茗图》

明·文徵明 《品茶图》

挂帘。

③金钿（diàn）：嵌有金花的妇人首饰。

④传奏：送上奏章，报告皇帝。

天子须尝阳羡茶

　　阳羡茶产于江苏宜兴的唐贡山、南岳寺、离墨山、茗岭等地。据历史文献记载，早在唐代宗永泰元年（765年）至大历二年（767年），阳羡茶就被陆羽评为"芳香冠世，推为上品"，并将其推荐为皇家"贡茶"。据《宜兴县志》记载，当时出产贡茶的唐贡山，"在县东南三十五里，临罨画溪，以唐时产茶入贡故名，金沙寺即在其下"，这也就是今天的宜兴唐贡山、唐贡村的由来。唐代诗人并有茶界"亚圣"之称的卢仝在品饮了阳羡茶之后，甚至发出"天子须尝阳羡茶，百草不敢先开花"的感慨，从而写出了中国茶史上著名的经典之作"七碗茶"诗。

　　阳羡茶以汤清、芳香、味醇的特点誉满全国，唐以后，历宋、元、明、清各代，宜兴所产阳羡茶一直位居全国贡茶之列。明代周高起在他的《洞山岕茶系》中说阳羡茶以"淡黄不绿，叶茎淡白而厚，制成梗极少，入汤色柔白如玉露，味甘，芳香藏味中，空深永，啜之愈出，致在有无之外"。明末清初刘继庄的《广阳杂记》记有"天下茶品，阳羡为最"。明代袁宏道在评茶小品中也指出："武夷茶有药味，龙井茶有豆味，而阳羡茶有'金不味'，够得上茶中上品。"

阳羡茶

唐伯虎

千金良夜万金花，占尽东风有几家。

门前主人能好事，手中杯酒不须赊①。

碧纱笼罩层层翠，紫竹支持叠叠霞。

新乐调成蝴蝶曲，低檐将散蜜蜂衙。

清明争插河西柳，谷雨初来阳羡茶②。

二美四难俱备足，晨鸡欢笑到昏鸦③。

【注释】

①赊：欠账。

②谷雨：采茶一般在谷雨前后。

③昏鸦：指傍晚。

阳羡茶

谢应芳

南山茶树化劫灰，白蛇无复衔子来。

频年雨露养遗植①，先春粟粒珠含胎②。

待看茶焙春烟起③，箬笼封春贡天子④。

谁能遗我小团月⑤，烟火肺肝令一洗。

【注释】

①遗植：指后来继续栽种的植物。

②含胎：指植物孕穗。

③茶焙：古代制造茶叶的手工作坊，有时把烘茶叶的器具也叫茶焙。

④箬（ruò）笼：用箬叶与竹篾编成的盛器。

⑤小团月：指宋代龙凤小团茶。

义兴贡茶非旧也，前此故御史大夫李栖筠实典是邦①。山僧有献佳茗者，会客尝之，野人陆羽以为芳香甘辣，冠于他境，可荐于上。栖筠从之，始进万两，此其滥觞也②。厥后因之，征献浸广③，遂为任土之贡，与常赋邦伴矣。（《金石录》）

【注释】

①李栖筠：字贞一，赵郡赞皇（今河北赞皇县）人。唐朝中期名臣，宰相李吉甫之父、太尉李德裕祖父。

②滥觞：本谓江河发源之处水极浅小，仅能浮起酒杯，后比喻事物的起源和发端。

③征献：征召进献。

草茶第一数双井

双井茶又名洪州双井、黄隆双井、双井白芽等，产自江西修水县杭口乡"十里秀水"的双井村。该村江边有石崖，崖下有双井，崖刻鲁直（黄庭坚）手书"双井"。双井茶是宋代名茶，也是贡茶之一。

双井茶形如凤爪，汤色碧绿，滋味醇和。古代"双井茶"属蒸青散茶类，用蒸气杀青，再烘干、磨碎、煮饮。如今的"双井绿"，分为特级和一级两个品级。特级以一芽一叶初展，芽叶长度为2.5厘米左右的鲜叶制成；一级以一芽二叶初展的鲜叶制成。加工工艺分为鲜叶摊放、杀青、揉捻、初烘、整形提毫、复烘六道工序。

双井茶

欧阳修

西江水清江石老，石上生茶如凤爪[①]。
穷腊不寒春气早[②]，双井芽生先百草[③]。

白毛囊以红碧纱④，十斤茶养一两芽⑤。

长安富贵五侯家，一啜犹须三月夸。

宝云日注非不精⑥，争新弃旧世人情。

岂知君子有常德⑦，至宝不随时变易。

君不见建溪龙凤团，不改旧时香味色。

【注释】

①凤爪：茶芽的状态。

②穷腊不寒：整个冬季都不冷。

③芽：茶。

④白毛：芽叶上的白毫。囊：动词，装袋。

⑤"十斤"句：此句谓双井茶采摘得细嫩。

⑥宝云：宋代名茶，产于浙江杭州。日注：即日铸，宋代名茶，产于浙江绍兴。

⑦常德：始终不变的德性。

以六一泉煮双井茶①

杨万里

鹰爪新茶蟹眼汤②，松风鸣雪兔毫霜③。

细参六一泉中味，故有涪翁句子香④。

日铸建溪当退舍⑤，落霞秋水梦还乡⑥。

何时归上滕王阁，自看风炉自煮尝。

【注释】

①六一泉：在今浙江省杭州市西湖孤山下，苏轼为纪念欧阳修而命名。

②鹰爪：江西名茶，因形似鹰爪而得名。蟹眼：古时称煮茶之水沸腾之前的状况，即水中出现小泡泡，气泡如螃蟹眼大小。

③兔毫：兔毛。

④涪翁：指黄庭坚，其号为涪翁。

⑤日铸：宋代名茶，产于浙江绍兴。建溪：古代贡茶，产于福建南平。

⑥落霞秋水：语出王勃《滕王阁序》"落霞与孤鹜齐飞，秋水共长天一色"，诗人在诗中点化此名句，乃因《滕王阁序》中所吟咏的共长天一色的"秋水"，正是流经诗人家乡——吉水县城之西、纵贯江西全省的赣江之水。

以双井茶送孔常父①

黄庭坚

校经同省并门居②，无日不闻公读书。
故持茗椀浇舌本③，要听六经如贯珠④。
心知韵胜舌知腴⑤，何似宝云与真如⑥。
汤饼作魔应午寝⑦，慰公渴梦吞江湖。

【注释】

①孔常父：即孔武仲，江西新喻（今属峡江）人，与黄庭坚为同乡，又同在翰林院为校书郎集贤校理、著作郎。

②校经：校勘经书。

③茗梡（wǎn）：碗中的茶水。梡：同"碗"。舌本：舌根；舌头。

④六经：儒家《诗》《书》《礼》《易》《乐》《春秋》六部经典的合称，经孔子整理修订而流传。贯珠：成串的珍珠。比喻珠圆玉润的诗文、声韵。

⑤韵胜：犹高雅。

⑥宝云：祥云。真如：佛教术语。梵文 Tathatā 或 Bhūtatathatā 的意译，谓永恒存在的实体、实性，亦即宇宙万物的本体，与实相、法界等同义。

⑦汤饼：水煮的面食。宋代黄朝英《缃素杂记·汤饼》："余谓凡以面为食具者，皆谓之饼，故火烧而食者呼为烧饼，水瀹而食者呼为汤饼，笼蒸而食者呼为蒸饼。"午寝：午睡。

腊茶出于剑建①，草茶盛于两浙②，两浙之品，日注为第一③。自景祐以后④，洪州双井白芽渐盛，近岁制作尤精，囊以红纱，不过一、二两，以常茶十数斤养之，用辟暑湿之气，其品远出日注上，遂为草茶。（《归田录》）

【注释】

①腊茶：茶之一种。腊，取早春之义。以其汁泛乳色，与溶蜡相似，也称蜡茶。

②草茶：意思有二，一是指烘烤而成的茶叶，二是指由植物草制作而成的保健茶。

③日注：又称"日铸"，产于绍兴县东南五十里的会稽山岭，自宋朝以来列为贡品。

④景祐：宋仁宗赵祯年号，存在时间共计五年（1034—1038年）。

分宁怀古①

胡锡熊

溶溶修水出分宁②，万壑千峰入眼青③。

双井茗茶春自早，一池菡萏静犹馨④。

此邦人物多翘杰⑤，在昔诒留有典型⑥。

最是襟怀堪遣处⑦，清秋月上冠云亭。

【注释】

①分宁：修水古称。唐德宗贞元年间武宁县析出分宁，元代升为宁州，清嘉庆六年（1801年）改为义宁州，民国元年（1912年）改为义宁县，后两年又改为修水县。怀古：思念往昔；怀念古代的人和事（多用作有关古迹的诗题）。

②溶溶：形容水面宽广。修水：江西省九江市下辖县，古

号"分宁"，国史有上望之称，位于江西省西北部，九江市西部，修河上游，地处幕阜山与九岭山山脉之间。是赣、湘、鄂三省的交界处；三个省会城市南昌、长沙、武汉的中心点。

③万壑千峰：形容山峦连绵，高低重叠。

④菡（hàn）萏（dàn）：睡莲科莲属，多年生水生草本植物，古称水芙蓉、芙蕖。

⑤翘杰：翘楚杰出之辈。

⑥诒：同"贻"，遗留之意。

⑦襟怀：胸怀。

专于化食松萝茶

松萝茶属绿茶类，为历史名茶，产于安徽省黄山市休宁县休歙边界黄山余脉的松萝山。明中叶以后，松萝茶开始崛起，明人许次纾的《茶疏》中提到松萝茶，并评价松萝茶质量为上等："若歙之松萝，吴之虎丘，钱塘之龙井，香气浓郁，并可雁行于岕颉颃。往郭次甫亟称黄山，黄山亦在歙中，然去松萝远甚。"关于松萝茶的由来，清朝《亦复如是》一书中有一个神奇的传说：制艺名家焕龙到松萝山，问茶产于何处，僧引至后山，只见石壁上蟠屈古松，高五六丈，不见茶树。僧曰："茶在松桠，系衔茶子，堕松桠而生，如桑寄生然，名曰松萝，取茑与女萝旗于松上意也。"又问摘采之法，僧以杖叩击松根，大呼："老友何在？"当即就有二三只巨猿跃至，依次攀树采撷茶草。松萝茶也因而得名。

松萝茶歌

吴嘉纪

东南产茶非一乡，卢仝当日推阳羡^①。

月团云腴那易致^②，山荈野蔎市井遍^③。

今人饮茶只饮味，谁识歙州大方片^④。

松萝山中嫩叶萌^⑤，老僧顾盼心神清。

竹簋提挈一人摘^⑥，松火青荧深夜烹。

韵事倡来曾几载，千峰万峰丛乱生。

春残男妇采已毕，山村薄云隐白日。

卷绿焙鲜处处同，蕙香兰气家家出。

北源土沃偏有味，黄山石瘦若无色。

紫霞摸山两幽绝，谷暗蹊寒苦难得。

种同地异质遂殊^⑦，不宜南乡但宜北。

复岩汪子真吾徒^⑧，不惟嗜茶兼嗜壶。

大彬小徐尽真迹，水光手泽陈以腴。

瓶花冉冉相掩映，宜兴旧式天下无。

有时看月思老夫，自煎泉水墙东呼。

郝髯陆羽无优劣^⑨，茗槚微茫触手别^⑩。

灵物堪令疾疢瘳^⑪，今年所贮来年啜。

怜予海岸病消渴，远道寄将久不辍。

二君俱是新安人，我愿买山为比邻^⑫。

一寸闲田亦种树，瓯香碗汁长沾唇，况复新安之水清粼粼。

【注释】

①卢仝：自号玉川子，唐代诗人，后代尊称其为"茶仙"。阳羡：产于江苏宜兴的名茶。

②月团：宋代的一种茶饼，在宫廷内流行，但也流传到民间，当时俗称"小饼"和"月团"。云腴：茶的别称。

③荈（chuǎn）：采摘时间较晚的茶。蔎（shè）：茶的别称。

④歙州大方：据《歙县志》，五代十国时大方茶已产于两浙（浙东和浙西，唐朝歙州属浙西），并做贡品，距今已有1000多年历史。大方：河南僧人，据《徽州府志》记载，明朝隆庆年间，大方在歙州西干山一带传经教学并授茶道后，赴杭州灵隐寺拜会师兄，路经徽州歙南清凉峰脚下的老竹岭时见到一座古庙，这里山势险峻，云雾萦绕，涧水溪流，清澈见底，盛世仙境使大方和尚在老竹岭下的古庙中居住下来。又见茶非常好，便在老竹岭留步，研制焙茶的制作。村民见大方和尚来到此处，纷纷赶来学习，他为了招待烧香拜佛的客人，便自种茶叶，自制茶叶，供来人饮用，大方茶就因此而得名，并扬名四乡。

⑤萌：草木新出的芽。

⑥籯（yíng）：竹笼。

⑦殊：不同。

⑧夐（xiòng）：距离远的。

⑨郝嵩：即郝羽吉，名仪，号山渔，又号嵩公，徽州歙县人。

⑩槚（jiǎ）：茶树的古称。

⑪疢疾（chèn）：泛指疾病。瘳（chōu）：病愈。

⑫比邻：相邻而居。

松萝茶，出休宁松萝山，僧大方所创造。予理新安时，入松萝亲见之，为书《茶僧卷》。其制法，用铛磨擦光净①，以干松枝为薪，炊热候微炙手，将嫩茶一握置铛中，札札有声②，急手炒匀，出之箕上。箕用细篾为之，薄摊箕内，用扇搧冷，略加揉挼③。再略炒，另入文火铛焙干，色如翡翠。（龙膺《蒙史》）

【注释】

①铛（chēng）：温器，似锅，三足。

②札札：叠音词缀。表示程度深。

③揉挼（ruó）：揉搓。

苏州茶饮遍天下，专以揉造胜耳。徽郡向无茶，近出松罗茶，最为时尚。是茶始比丘大方①，大方居虎丘最久②，得采造法。其后于徽之松罗结庵③，采诸山茶，于庵焙制，远迩争市④，价倏翔涌⑤，人因称松罗茶，实非松萝所出也。是茶比天池茶稍粗，而气甚香，味更清，然于虎丘能称仲⑥，不能伯也。松郡佘山，亦有茶与天池无异，顾采造不如。近有比丘来⑦，以虎丘法制之，味与松萝等。老衲亟逐之曰，无为此山开膛径而置火坑⑧，盖佛以名为五欲之一，名媒利、利媒祸，物且难容，况人乎。（冯

时可《茶录》)

【注释】

①比丘大方：指河南僧人大方。

②虎丘：位于苏州城西北郊，距城区中心五公里，为苏州西山之余脉，因周边地形脱离西山主体，成为独立的小山。相传春秋时吴王夫差葬其父阖闾于此，葬后三日有白虎踞其上，故名虎丘。一说"丘如蹲虎，以形名"。

③结庵：搭建小草屋或小庙。

④迩：近。

⑤翔涌：亦作"翔踊"。谓物价腾贵或暴涨。

⑥仲：兄弟排行的次序，仲是老二。

⑦比丘：佛家指年满二十岁、受过具足戒的男性出家人。

⑧膻径：荤腥的道路。膻，像羊肉的气味。

新安桑梓之国①，松萝清妙之山，钟扶舆之秀气②，产佳茗于灵岩。素朵颐于内地③，尤扑鼻于边关。方其嫩叶才抽，新芽初秀；恰当谷雨之前，正值清明之候。执懿筐而采采④，朝露方晞⑤；呈纤手而扳扳⑥，晓星才溜。于是携归小苑，偕我同人⑦，芟除细梗⑧，择取桑针。活火炮来，香满村村之市；箸笼装就⑨，签题处处之名。若乃价别后先，源分南北。孰同雀舌之尖⑩，谁比鹦翰之绿⑪。第其高下，虽出于狙侩之品评⑫；辩厥精粗，即证于缙绅而允服⑬。既而缓提佳器，旋汲山泉，小铛慢煮，细火微煎。蟹眼声希，恍奏松涛之韵；竹炉候足，疑闻涧水之喧于焉。新茗急投，磁瓯缓注，一人得神，二人得趣。风生两腋，鄙卢仝七椀之多⑭；兴溢百篇，架青莲一斗之酬⑮。其为色也，比黄而碧，较绿而娇。依稀乎玉笋之干，仿佛乎金柳之条。嫩草初抽，庶足方其逸韵；晴川新涨，差可拟其高标⑯。其为香也，非麝非兰，非梅非菊。桂有其芬芳而逊其清，松有其幽逸而无其馥⑰。微闻芳泽⑱，宛持莲叶之杯；慢挹馚𬇕⑲，似泛荷花之澳。其为味也，人间露液，天上云腴⑳。冰雪净其精神，淡而不厌；沆瀣同其鲜洁㉑，洌则有余。沁人心脾，魂梦为之爽朗；甘回齿颊㉒，烦苛赖以消除㉓。则有贸迁之辈，市隐者流，罔惮驰驱之远，务期道里之周。望燕赵滇黔而跋涉，历秦楚齐晋而遨游。爰有赏鉴之家，茗战之主，取雪水而烹，傍竹熄而煮㉔。品其臭味㉕，堪同阳羡争衡㉖；高其品题，羞与潜霍为伍㉗。尔乃驾武夷、轶六安、奴湘潭、敌蒙山，纵搜肠而不滞，虽苦口而实甘。故夫口不能言，心惟自省。合色与香味而并臻其极，悦目与口鼻而尽摅其悃㉘。润诗喉而消酒渴，我亦难忘；媚知己而乐嘉宾，谁能不饮。（《松萝茶赋》）

【注释】

①新安：即徽州与严州大部，古称新安，后成为徽州、严州地区的代称。本郡位于钱塘江上游的新安江流域，属于古代的浙西地区，所辖地域为今安徽黄山市、绩溪县及江西婺源县，浙江建德市（寿昌）、淳安县（含原淳安县、遂安县）。桑梓：古

人常在家屋旁栽种桑树和梓树，后人用"桑梓"比喻故乡。

②扶舆：亦作"扶于""扶与"，犹扶摇、盘旋升腾貌。

③朵颐：指鼓动腮颊嚼食东西，喻向往、美馔。

④懿筐：深筐。

⑤晞（xī）：干；干燥。

⑥扳（pān）扳：攀缘、攀折貌。

⑦同人：同好。

⑧芟（shān）除：砍伐；刈除。

⑨箬（ruò）笼：用箬叶与竹篾编成的盛器。

⑩雀舌：贵州湄潭所产翠芽茶，因形状小巧似雀舌而得名。

⑪鹦翰：鹦鹉长而坚硬的羽毛。

⑫狙（jū）侩（kuài）：亦作"狙狯"，狡猾奸诈。

⑬允服：信服。

⑭卢仝七椀：指唐代诗人卢仝所作《七碗茶》。

⑮青莲一斗：指李白斗酒诗百篇，语出杜甫《饮中八仙歌》。

⑯高标：常用以形容山之高，比喻人品高尚。

⑰馥（fù）：香气。

⑱芗泽：香泽；香气。芗，通"香"。

⑲挹（yì）：舀；牵引。馚（fēn）氲（yūn）：香气浓郁貌。

⑳云腴：美酒。

㉑沆瀣：夜间的水汽；露水。

㉒齿颊：牙齿与腮颊。

㉓烦苛：繁杂苛细，这里指烦恼。

㉔熜（cōng）：古同"囱"，烟囱。

㉕臭味：气味。

㉖阳羡：今江苏宜兴，其地所产阳羡茶驰名古今。

㉗潜霍：指位于安徽西部、大别山腹地的古舒州和霍山，其地多产茶。

㉘悃（kǔn）：真挚诚恳。

以茶为友的文人墨客

"别茶人"白居易

白居易，字乐天，号香山居士，又号醉吟先生，祖籍山西太原，到其曾祖父时迁居下邽，生于河南新郑，唐代伟大的现实主义诗人。白居易曾与元稹共同倡导新乐府运动，世称"元白"，与刘禹锡并称"刘白"。

白居易不仅喜饮酒，亦爱茶，是第一个将茶大量引入诗坛的诗人。一生写了两千多首诗，提及茶事的有六十三首，居唐朝诗人之冠。《唐才子传》说他"茶铛酒杓不相离"，正反映了茶酒兼好的文人雅趣。白居易妻舅杨慕巢、杨虞卿、杨汉公兄弟等经常从不同地区给他寄好茶，白居易得茶后便邀请朋友畅快共饮，也常受邀去朋友那里品茶。白居易善于鉴别茶之好坏优劣，同时对与茶有关的事物也有特别的讲究，如茶叶、水源、茶具和火候等，是一个十足的品茶行家，朋友称他"别茶人"。另外，他在九江期间还开垦荒地，亲自种植茶树，其茶园就在香炉峰遗爱寺旁的茅屋后。

食　后①

唐·王绩

田家无所有，晚食遂为常。

菜剪三秋绿，飱炊百日黄②。

胡麻山麨样③，楚豆野麋方④。

始暴松皮脯⑤，新添杜若浆⑥。

葛花消酒毒⑦，萸蒂发羹香⑧。

鼓腹聊乘兴⑨，宁知逢世昌。

【注释】

①食后：酒足饭饱之后。

②百日黄：一种早熟的稻。

③胡麻：即芝麻。麨（chǎo）：炒的米粉或面粉。

④楚豆：牡荆的果实，可食用。麋：獐子一类的野兽。

⑤松皮脯：松皮里含脂部分作香料晒制的肉干。

⑥杜若浆：香草酿的酒。

⑦葛：多年生草本植物，茎可编篮做绳，纤维可织布，肥大块根可制淀粉，亦可入药。酒毒：即酒醉。

⑧萸（yú）：即茱萸，一种常绿带香的植物，具备杀虫消毒、逐寒祛风的药用功能。

⑨鼓腹：鼓起肚子，谓饱食。乘兴（xìng）：乘着一时高兴，兴会所至。

食 后

食罢一觉睡①，起来两碗茶。

举头看日影，已复西南斜②。

乐人惜日促③，忧人厌年赊④。

无忧无乐者，长短任生涯⑤。

【注释】

①食罢：吃完饭。

②西南斜：太阳西斜，指黄昏。

③日促：时间过得太快了。

④年赊：时间过得太慢。

⑤任生涯：一切与我无关。

山泉煎茶有怀①

坐酌泠泠水②，看煎瑟瑟尘③。

无由持一碗④，寄与爱茶人。

【注释】

①有怀：怀念亲朋挚友。

②泠泠：清凉。

③瑟瑟：碧色。尘：研磨后的茶粉。

④无由：不需任何理由。

夜闻贾常州崔湖州茶山境会亭欢宴①

遥闻境会茶山夜，珠翠歌钟俱绕身②。

盘下中分两州界③，灯前各作一家春④。

青娥递舞应争妙⑤，紫笋齐尝各斗新。

自叹花时北窗下⑥，蒲黄酒对病眠人⑦。

【注释】

①贾常州崔湖州：分别为常州刺史、湖州刺史。境会亭：浙江长兴、江苏宜兴交界处，唐代建有境会亭。

②珠翠：珍珠和翡翠，妇女饰物。歌钟：即编钟。

③盘下中分两州界：茶盘中放着湖州、常州出产的茶叶，各有特色，界限分明。

④灯前各作一家春：湖州人、常州人灯前一起品茶。

⑤青娥：貌美少女。

⑥北窗：即北堂。

⑦蒲黄：沼泽多年生草本植物，有止血、化瘀、通淋等药用功效。

谢李六郎中寄新蜀茶①

故情周匝向交亲②，新茗分张及病身③。

红纸一封书后信④，绿芽十片火前春⑤。

汤添勺水煎鱼眼⑥，末下刀圭搅曲尘⑦。

不寄他人先寄我，应缘我是别茶人⑧。

【注释】

①李六郎中：忠州（今重庆忠县）刺史李宣。

②周匝：完全。交亲：交往亲密。

③分张：分给。病身：白居易自称病身。

④帋（zhǐ）：同"纸"。

⑤绿芽十片：唐代制茶要经过蒸、捣、拍、烘等工序，制成的茶呈团饼状，又称片茶。绿芽十片即十块团饼茶。火前春：清明节前一天，为寒食节。火前即清明前，火前春即明前茶。

⑥鱼眼：水初沸时出现的小气泡称"蟹眼"；以后出现稍大的气泡称"鱼眼"。"鱼眼"即水初沸。

⑦刀圭：古代量取药末的用具，像小汤匙。这里的"刀圭"被用来量取茶末。曲尘：指造酒产生的细菌，这里指碾碎后用箩筛过的茶叶细末，把置于腹内的茶叶细末用小汤匙搅动。

⑧别茶人：能鉴别茶叶品质优劣的人。

琴　茶

兀兀寄形群动内①，陶陶任性一生间②。

自抛官后春多梦，不读书来老更闲。

琴里知闻唯渌水③，茶中故旧是蒙山④。

穷通行止常相伴⑤，难道吾今无往还？

【注释】

①兀兀：性格高标而不和于俗。

②陶陶（táo táo）：和乐的样子。

③渌水：古曲名。属琴曲歌辞。

④故旧：老朋友。蒙山：指蒙山茶，产于雅州名山县（今属四川）。相传西汉年间，吴理真禅师亲手在蒙山顶上清峰甘露寺植仙茶七株，饮之可成地仙。

⑤穷：指报国无路。通：指才华得施。行：指政见得用。止：指壮志难酬。

以茶唱酬的"皮陆"

皮日休,字袭美,号逸少,曾居襄阳鹿门山,号鹿门子,复州竟陵(今湖北天门)人,晚唐诗人、文学家。陆龟蒙,字鲁望,自号天随子、江湖散人、甫里先生,长洲(今江苏苏州)人,唐代诗人、农学家。曾任湖州、苏州刺史幕僚,后隐居江苏苏州甪直镇。诗词成就与皮日休齐名,世称"皮陆"。

陆龟蒙十分爱茶,曾在浙江湖州顾渚山下置买茶园一处,亲自进行茶叶种植与研究,后来将种茶经验和心得体会编成《品第书》,惜已不存。皮日休与陆龟蒙不仅是诗友,更是茶友,二人曾在苏州相识,不久成为密友,并以诗唱酬赠答。他们以诗人的灵感和丰富的藻采描绘唐代茶事活动。皮日休有《茶中杂咏》十首,陆龟蒙作《奉和袭美茶具十咏》以应和,所咏分别是茶坞、茶人、茶笋、茶籝、茶舍、茶灶、茶焙、茶鼎、茶瓯、煮茶十题,两人一事一咏、一唱一和,共计二十首,对茶叶历史与文化的研究具有重要的意义。

茶中杂咏·茶坞①

闲寻尧氏山②，遂入深深坞。

种荈已成园③，栽蒧宁记亩④。

石洼泉似掬⑤，岩罅云如缕⑥。

好是夏初时，白花满烟雨。

【注释】

①杂咏：无固定主题，即兴创作的诗歌。茶坞（wù）：茶树丛生之处，即茶园。坞，四面高而中间低的谷地。

②尧氏山：尧氏人家的山。

③荈：晚采的茶，泛指茶。

④蒧：芦苇。此处"蒧"似误，当作"槚"，茶树。

⑤石洼泉似掬：指石洼贮存泉水就像人双手捧起泉水的模样。

⑥罅（xià）：裂缝。

茶中杂咏·茶鼎①

龙舒有良匠②，铸此佳样成③。

立作菌蠢势④，煎为潺湲声⑤。

草堂暮云阴⑥，松窗残雪明。

此时勺复茗，野语知逾清⑦。

【注释】

①鼎：古代烹煮用的器物。

②龙舒：地名，在今安徽舒城县龙河镇一带。

③佳样：绝美的样品。

④菌蠢：谓如菌类之短小丛生。

⑤潺湲：水缓慢流动的样子。

⑥草堂：用茅草搭建的简陋屋子。暮云：晚霞。

⑦野语：俗语。

茶中杂咏·茶瓯①

邢客与越人②，皆能造兹器③。

圆似月魂堕，轻如云魄起。

枣花势旋眼，苹沫香沾齿④。

松下时一看，支公亦如此⑤。

【注释】

①茶瓯：品茶用的茶碗、茶杯。

②邢客：邢窑的匠人。越人：越窑的匠人。

③兹器：瓷器。

④苹沫：此处指茶的绿色汤花。

⑤支公：即晋高僧支遁，世称支公。支遁既为清谈名士，又是修行著述的高僧，他的讲学传教及论辩都离不开茶，而他的参禅悟道同样也离不开茶。

奉和袭美茶具十咏·茶人^①

天赋识灵草^②，自然钟野姿^③。

闲来北山下，似与东风期。

雨后探芳去^④，云间幽路危。

唯应报春鸟^⑤，得共斯人知^⑥。

【注释】

①奉和：谓作诗词与别人相唱和。袭美：皮日休的字。

②灵草：名贵之茶。

③野姿：自然朴素的姿容。

④探芳：探寻好茶。

⑤唯应：只有等待。

⑥斯人：指诗中茶人自己。

奉和袭美茶具十咏·茶社

旋取山上材^①，驾为山下屋^②。

门因水势斜，壁任岩隈曲^③。

朝随鸟俱散，暮与云同宿。

不惮采掇劳^④，只忧官未足。

【注释】

①旋取：来来回回、一趟又一趟选取。材：木材。

②驾：建造。屋：指茶舍。

③隈曲：山水弯曲处。

④惮：害怕。掇：拾取，采摘。

奉和袭美茶具十咏·茶籝^①

金刀劈翠筠^②，织似波文斜^③。

制作自野老^④，携持伴山娃^⑤。

昨日斗烟粒，今朝贮绿华。

争歌调笑曲^⑥，日暮方还家。

【注释】

①茶籝（yíng）：一种盛储茶具的竹制箱笼。

②翠筠：绿竹。

③波文：指竹子的横切面像水中波纹一样。

④野老：村野的老百姓，农夫。

⑤携持：携带，扶持。

⑥调笑：互相开玩笑。

茶道宗师僧皎然

皎然，俗姓谢，字清昼，湖州（今浙江吴兴）人，活动于唐上元至贞元，唐代著名诗僧。自说是谢灵运十世孙，但据《唐才子传》及《旧唐书》记载，皎然是东晋名将谢安十二世孙，谢灵运乃是谢安侄子，因皎然更重视谢灵运名气，故自称谢灵运十世孙。皎然在文学、佛学、茶学等方面颇有造诣，与颜真卿、灵澈、陆羽等和诗，现存470首诗，还有诗歌理论著作《诗式》传世。

皎然不仅知茶、爱茶、识茶趣，还写了很多富于韵味的茶诗，在历代诗僧中，独皎然茶诗最多。皎然与陆羽友善、诗文唱和，论茶品味，对茶饮的功效、地方名茶的特点以及与陆羽的往来关系，皆有详尽的记述，特别是与陆羽的交游记载，对后来研究陆羽的生平事迹有莫大的帮助。他们在唱和中共同探讨饮茶艺术，并提倡"以茶代酒"的品茗风气，对唐代及后代的茶艺文化的发展有莫大的贡献。

饮茶歌诮崔石使君①

越人遗我剡溪茗②，采得金芽爨金鼎③。

素瓷雪色缥沫香④，何似诸仙琼蕊浆⑤。

一饮涤昏寐⑥，情思朗爽满天地。

再饮清我神，忽如飞雨洒轻尘。

三饮便得道，何须苦心破烦恼。

此物清高世莫知，世人饮酒多自欺。

愁看毕卓瓮间夜⑦，笑向陶潜篱下时⑧。

崔侯啜之意不已，狂歌一曲惊人耳⑨。

孰知茶道全尔真，唯有丹丘得如此⑩。

【注释】

①诮（qiào）：原意是嘲讽。这里的"诮"字不是贬义，而是带有诙谐调侃之意，是调侃崔石使君饮酒不胜茶的意思。崔石约在贞元初任湖州刺史，僧皎然在湖州妙喜寺隐居。

②越：古代绍兴。遗（wèi）：赠送。剡溪：水名，位于浙江东部，又名剡江、剡川，全长200多公里，乃千年古水。但此处剡溪应特指嵊州。

③金芽：鹅黄色的嫩芽。爨（cuàn）：指烧、煮茶之意。金鼎：风炉，煮茶器具。

④素瓷雪色：白瓷碗里的茶汤。缥（piāo）沫香：青色的汤花。

⑤琼蕊：琼树之蕊，服之长生不老。

⑥昏寐：指不清醒。

⑦毕卓：晋朝人，贪酒之徒。据说一天夜里，他循着酒香，

跑去偷喝了人家的酒，醉得不省人事，被伙计们捆起放在酒瓮边。次日掌柜的见捆的是州郡"吏部郎"，哭笑不得，此事被传为笑谈。

⑧陶潜篱下：陶潜，陶渊明。篱下：陶渊明《饮酒诗》："采菊东篱下，悠然见南山。"

⑨"崔侯"二句：是说崔石使君饮酒过多之时，还会发出惊人的狂歌。狂歌，此指放歌无节。

⑩丹丘：即丹丘子，传说中的神仙。

顾渚行寄裴方舟①

我有云泉邻渚山②，山中茶事颇相关③。

鹭鹚鸣时芳草死④，山家渐欲收茶子⑤。

伯劳飞日芳草滋⑥，山僧又是采茶时⑦。

由来惯采无近远，阴岭长兮阳崖浅⑧。

大寒山下叶未生，小寒山中叶初卷。

吴婉携笼上翠微，蒙蒙香刺胃春衣⑨。

迷山乍被落花乱，度水时惊啼鸟飞。

家园不远乘露摘，归时露彩犹滴沥⑩。

初看怕出欺玉英⑪，更取煎来胜金液。

昨夜西峰雨色过，朝寻新茗复如何。

女宫露涩青芽老⑫，尧市人稀紫笋多⑬。

紫笋青芽谁得识，日暮采之长太息⑭。

清泠真人待子元⑮，贮此芳香思何极。

【注释】

①顾渚：山名，顾渚山，在浙江省湖州市长兴县境内。裴方舟：即裴济，江南地方幕僚，曾来访湖州。

②渚山：亦指顾渚山。

③茶事：与茶相关的各种事宜。

④鹈鴂（tí jué）：即杜鹃鸟。

⑤山家：皎然对自己的称呼。

⑥伯劳：鸟名。夏鸣冬止，月令候时之鸟。

⑦山僧：顾渚山的僧人。

⑧阴岭：北边背阳的山岭。

⑨罥（juàn）：挂，缠绕。

⑩滴沥：圆润明丽貌。

⑪玉英：指莹澈如玉的泉水。

⑫青芽：颜色较深的茶叶。

⑬尧市：湖州山名。紫笋：顾渚山上的顾渚紫笋，此处应指鲜嫩的茶芽，与"青芽"意义相反。

⑭太息：叹息。

⑮清泠真人：汉代仙人裴君。子元：指道人支子元。

饮茶歌送郑容①

丹丘羽人轻玉食②，采茶饮之生羽翼③。

名藏仙府世空知，骨化云宫人不识④。

云山童子调金铛⑤，楚人茶经虚得名⑥。

霜天半夜芳草折，烂漫缃花啜又生⑦。

赏君此茶祛我疾⑧，使人胸中荡忧栗⑨。

日上香炉情未毕⑩，醉踏虎溪云⑪，高歌送君出。

【注释】

①郑容：皎然朋友。

②丹丘：即丹丘子，传说中的神仙。羽人：有翅膀的仙人。

③饮之：喝茶。生羽翼：长出翅膀。

④骨：肉身。人不识：人们都不知道。

⑤铛（chēng）：温器。金铛：指茶铛。

⑥楚人：指"茶圣"陆羽，皎然是陆游的茶道老师和挚友。虚得名：虚有其名，陆羽《茶经》经过多次编写而成，当陆羽把第一版《茶经》拿给皎然欣赏时，皎然感觉初版的《茶经》写实性太弱，空谈过多，所以认为虚有其名，之后建议陆羽再次去各地考察茶业，再次编写。

⑦缃（xiāng）：浅黄色。

⑧祛：除去，驱逐。

⑨荡：清除，洗涤。忧栗：忧虑恐惧。

⑩香炉：山名，又名香炉峰，在庐山之北。

⑪虎溪：水名，在江西庐山下。佛门典故有"虎溪三笑"，即"送客不过溪"。

访陆处士羽①

太湖东西路，吴主古山前②。

所思不可见，归鸿自翩翩③。

何山尝春茗，何处弄春泉。

莫是沧浪子④，悠悠一钓船⑤。

【注释】

①访：拜访。陆处士羽：即唐代诗人陆羽。

②吴主古山前：指三国时期吴国君主的山前，即江浙一带。

③翩翩：飞舞的样子。

④沧浪子：指隐逸者。《孟子·离娄上》载："有孺子歌曰：'沧浪之水清兮，可以濯我缨；沧浪之水浊兮，可以濯我足。'"

⑤悠悠：遥远的样子。

九日与陆处士羽饮茶①

九日山僧院，东篱菊也黄。

俗人多泛酒②，谁解助茶香③。

【注释】

①九日：指重阳节，农历九月初九。

②俗人：世俗之人。泛酒：古人用于重阳或端午宴饮的酒，多以菖蒲或菊花等浸泡，故称"泛酒"。

③助：增添。

往丹阳寻陆处士不遇①

远客殊未归②，我来几惆怅③。

叩关一日不见人④，绕屋寒花笑相向。

寒花寂寂偏荒阡⑤，柳色萧萧愁暮蝉⑥。

行人无数不相识，独立云阳古驿边⑦。

凤翅山中思本寺，鱼竿村口忘归船。

归船不见见寒烟，离心远水共悠然。

他日相期那可定⑧，闲僧着处即经年⑨！

【注释】

①丹阳：今江苏镇江。不遇：没碰到。

②远客：指陆羽。殊：不同。

③惆怅：因失望而伤感。

④叩关：叩门。

⑤寂寂：寂静的样子。阡：田地中间南北方向的小路。

⑥萧萧：凄清冷落的样子。

⑦云阳：即丹阳，其旧址在丹阳运河古道旁的清水潭。

⑧那可定：指日期未定。

⑨经年：经过一年或若干年。表示感伤未来之语。

"茶痴"皇帝宋徽宗

　　中国古代的帝王，大多有好茶之痴，有的嗜茶如命，有的好给茶取名，有的干脆为茶叶著书立说，有的还给进贡茶之人加官晋爵，可谓花样繁多。宋徽宗赵佶就是这么一位，虽然他是骄奢淫逸的帝王之一，但对茶却见地颇深，可谓"茶痴"皇帝。赵佶执政期间不理朝政，生性风流，然颇有才气，对书、画、诗、文样样精通，通音律，知百艺，存世有草书、真书及各类画卷等。他对茶事茶道酷爱有加，不但赐给近臣，还对颇有好感的地方官赐予上等茶叶。他当皇帝时，赐茶形式一变为茶宴群臣，内涵更丰富，花费愈奢靡。赵佶亦十分喜欢斗茶，品鉴各地送来的贡茶，还参与实践，蔡京《延福宫曲宴记》里曾详细记述了赵佶的分茶之技。皇帝嗜茶，群臣必投其所好、趋之若鹜，他自己常常与群臣一起分茶、斗茶，而且不斗赢誓不罢休。赵佶对茶具也精益求精，"盏色贵青黑，玉毫条达者为上"，据说就连被押送金国时，赵佶也对茶具颇为沉迷。

赵佶为了烟酒茶，还专门写了一部《大观茶论》，可谓历史上以皇帝身份撰写茶书第一人。在他的身体力行及各种倡导下，茶学、茶饮、茶艺、茶俗等广泛盛行，对"茶盛于宋"影响深远。《大观茶论》成书于大观元年（1107年），全书包括序、地产、天时、采摘、蒸压、制造、鉴辨、白茶、罗碾、盏、水、点、味、藏焙、品名等二十篇，从茶叶栽培、采制到烹煮、品鉴，从煎茶的水、具到色、香、味，无所不及，一一罗列陈述。其中"点茶"一篇尤为精到，反映了北宋以来我国的制茶工艺和发达程度，为宋代茶道研究提供了重要的文献资料。另外，在《大观茶论》一书中，他把茶艺归纳为"清和澹静"四字，认为品茶时应该以清雅和谐、摒除杂念为上，这样方能达到韵高致静之境界。

宣和宫词

上春精择建溪芽①，携向芸窗力斗茶②。

点处未容分品格③，捧瓯相近比琼花④。

【注释】

　　①上春：即孟春，农历正月。建溪芽：即产于福建建州建安县（今建瓯）北苑凤凰山一带的建茶，以北苑贡茶为代表。建溪位于闽江上游，唐时建州府治之地有东溪、西溪二流：一由

南浦溪、崇阳溪汇流至芝城，叫西溪；一由松政溪至西津以下，叫东溪。二流均于建瓯市汇合，经南平剑溪流入闽江。

②芸窗：指书斋，亦作"芸牕"。斗茶：即比赛茶的优劣的活动，又名斗茗、茗战。始于唐，盛于宋。斗茶者各取所藏好茶，轮流烹煮，品评分高下。

③点：即点茶，唐宋时的一种沏茶方法。大致步骤是将茶叶末放在茶碗里，注入少量沸水调成糊状，然后再注入沸水，最后用茶筅搅动，茶末上浮，形成粥面。品格：物品的质量、规格等。

④琼花：比喻雪花，这里指点茶后在粥面上形成的茶花图案。

尝谓首地而倒生，所以供人求者，其类下一。谷粟之于饥，丝枲之于寒①，虽庸人孺子皆知常须而日用，不以时岁之舒迫而可以兴废也②。至若茶之为物，擅瓯闽之秀气③，钟山川之灵禀④，祛襟涤滞，致清导和，则非庸人孺子可得而知矣，中澹闲洁，韵高致静。

则非遑遽之时可得而好尚矣⑤。本朝之兴，岁修建溪之贡⑥，龙团凤饼⑦，名冠天下，而壑源之品，亦自此而盛。延及于今，百废俱兴，海内晏然，垂拱密勿⑧，幸致无为。缙绅之士，韦布之流，沐浴膏泽，熏陶德化，盛以雅尚相推，从事茗饮，故近岁以来，采择之精，制作之工，品第之胜，烹点之妙，莫不盛造其极。

且物之兴废；固自有时，然亦系乎时之汙隆⑨。时或遑遽，人怀劳悴⑩，则向所谓常须而日用，犹且汲汲营求，惟恐不获，饮茶何暇议哉！世既累洽⑪，人恬物熙。则常须而日用者，固久厌饫狼籍⑫，而天下之士，励志清白，兢为闲暇修索之玩，莫不碎玉锵金，啜英咀华。较箧笥之精⑬，争鉴裁之别，虽下士于此时，不以蓄茶为羞，可谓盛世之清尚也。

呜呼！至治之世⑭，岂惟人得以尽其材，而草木之灵者，亦得以尽其用矣。偶因暇日，研究精微，所得之妙，后人有不自知为利害者，叙本末列于二十篇，号曰茶论。(《大观茶论·序》)

【注释】

①丝枲(xǐ)：指缲丝绩麻之事。

②时岁之舒迫：年景好坏。

③瓯闽：浙江南部和福建的别称。瓯，原古代部落，百越的一支，在今浙江瓯江流域温州一带；闽，古县名，今福建省福州市，唐代是福建节度使的治所。

④灵禀：灵气。

⑤遑遽：惊惧不安。

⑥建溪：建溪，原为河名，其源在浙江，流入福瓯县境内。所产的茶气味香美，唐代即为贡品。宋初，朝廷更派专使在此焙制茶叶进贡。

⑦龙团凤饼：茶名，为福建北苑精制的"贡茶"，因茶饼上

绘制龙、凤图案而得名。

⑧垂拱：垂衣拱手，古时形容太平无事，可无为而治。密勿：勤劳谨慎。

⑨汗隆：即隆污，指世道之盛衰或政治的兴替。

⑩劳悴：亦作"劳瘁"，劳累辛苦。

⑪累洽：世代相承太平无事。

⑫厌饫（wù）：吃饱；吃腻，满足。

⑬筐篚：指竹子或柳条等编成的盛东西的器具。

⑭至治：指安定昌盛、教化大行的政治局面或时世。

深谙茶道的苏轼

　　大文豪苏轼不仅是北宋著名文学家、书法家、画家、美食家、水利专家，而且对茶学的造诣也非常深厚，可以说他的生活与茶几乎形影不离，他还是中国历代吟咏茶诗最多的文人之一。他一生仕途坎坷，政坛上大起大落，多次遭贬，中年因"乌台诗案"被诬陷下狱几死，谪居黄州。暮年投荒，远贬惠州、儋州，但也为他尝遍天下名茶提供了机会。苏轼性情放达，每到一地即交好友、吃美食、登山林、品佳茗，在荣辱相继、坎坷颠沛的一生中，一直有茶相伴。茶既给苏轼带来日常生活的清雅适意，也给他的生命体验打开了一扇别致的窗户与境界。苏轼不仅喜欢饮茶，还对煎茶的水有专门研究，《汲江煎茶》说："活水还须活火烹，自临钓石取深清。"即便是在黄州生活困顿时，也是一边自耕自食，一边在"东坡"上栽种茶树。他还介绍一种以茶护齿的方法："除烦去腻，不可缺茶，然暗中损人不少。吾有一法，每食已，以浓茶漱口，烦腻既出，而脾胃不知。肉在齿间，消缩脱去，不烦挑剔，而齿性便缘此坚密。率皆用中下茶，其上者亦不常有，数日一啜不为害也。此大有理。"另外，他还将茶道与人生相结合，既写下了他对饮茶一道的独得之秘，更记录了他的生命情感与人生感悟。可以说苏轼对茶的爱好与理解，特别是对茶性与茶叶品质的体悟与认同，已经上升到了思想与哲学况味的高度。

参廖泉铭①

在天雨露②，在地江湖③。

皆我四大，滋相所濡④。

伴哉参寥⑤，弹指八极⑥。

退守斯泉⑦，一谦四益⑧。

予晚闻道⑨，梦幻是身。

真即是梦，梦却是真。

石泉槐火⑩，九年而信⑪。

夫求何信，实弊汝神⑫。

【注释】

①参廖：道潜禅师的别号，又称"参廖子"，北宋诗僧。本姓何，名昙潜，苏轼为其更名道潜，字参寥，与苏轼、秦观交好。铭：铸、刻或写在器物上记述生平、事迹或警诫自己的文字。

②雨露：雨和露，比喻恩惠、恩泽。

③江湖：江河湖泊。泛指四方各地。

④滋相所濡：相互滋润、濡染。

⑤伴：同在一起而能互助的人。

⑥弹指：极短的时间。八极：八方极远之地。

⑦退守：向后退并采取守势。斯泉：参廖泉。

⑧一谦四益：谦虚能使人得到好些益处。

⑨闻道：领会某种道理。

⑩槐火：用槐木取火。

⑪九年：诗中指九年之前，即元丰三年（1080年）。

⑫汝神：装神弄鬼。

和钱安道寄惠建茶①

我官于南今几时，尝尽溪茶与山茗。

胸中似记故人面，口不能言心自省。

为君细说我未暇，试评其略差可听。

建溪所产虽不同，一一天与君子性。

森然可爱不可慢②，骨清肉腻和且正。

雪花雨脚何足道③，啜过始知真味永。

纵复苦硬终可录，汲黯少戆宽饶猛④。

草茶无赖空有名⑤，高者妖邪次顽懭⑥。

体轻虽复强浮泛⑦，性滞偏工呕酸冷。

其间绝品岂不佳，张禹纵贤非骨鲠⑧。

葵花玉夸不易致，道路幽险隔云岭。

谁知使者来自西，开缄磊落收百饼⑨。

嗅香嚼味本非别，透纸自觉光炯炯。

秕糠团凤友小龙⑩，奴隶日注臣双井⑪。

收藏爱惜待佳客，不敢包裹钻权幸⑫。

此诗有味君勿传，空使时人怒生瘿⑬。

【注释】

①钱安道：人名，北宋江苏无锡人。建茶：即建溪茶，古代名茶之一。建溪，原为河流名称，其源在浙江省，流入福建建瓯县境内。这一带山川峻极回环，势绝如瓯，盛产茶叶。南唐保大间，因此处所产之茶气味殊美，建北苑于此，焙制茶叶进贡。自壑源口起至沙溪止，茶叶产区甚多，各处所产质量相差也大，但合称建溪茶。

②森然：形容繁密。

③雨脚：随云飘行、长垂及地的雨丝。

④汲黯：西汉濮阳人，武帝时为东海郡太守，后召为九卿，敢于面折廷诤。戆（gàng）：傻，愣，鲁莽。

⑤草茶：烘烤而成的茶叶，草茶并非传统意义上的"茶"，而是相对于加工方法不同的团茶而言的一种饮品。

⑥懭（kuǎng）：凶悍。

⑦虽复：即使。

⑧张禹：西汉河内人，成帝时为相，当时外戚专权，禹唯

诺逢迎。骨鲠：刚直，指骨鲠之臣。

⑨开缄：拆开（函件）等。百饼：一百饼团茶。

⑩秕糠：瘪谷和米糠，喻琐碎、无用之物。团凤：团茶的一种，又称凤团。小龙：宋代的一种茶饼，茶饼上印有龙的图案。

⑪日注：茶名，日铸茶，现称日铸雪芽。双井：又名洪州双井、黄隆双井、双井白芽等，产于分宁（现江西修水）、洪州（现江西南昌）。

⑫权幸：有权势而得到帝王宠爱的奸佞之人。

⑬瘿（yǐng）：长在脖子上的一种囊状瘤子，俗称大脖子。

问大冶长老乞桃花茶栽东坡①

周诗记苦荼②，茗饮出近世③。

初缘厌粱肉④，假此雪昏滞⑤。

嗟我五亩园⑥，桑麦苦蒙翳⑦。

不令寸地闲⑧，更乞茶子蓺⑨。

饥寒未知免，已作太饱计⑩。

庶将通有无，农末不相戾⑪。

春来冻地裂，紫笋森已锐⑫。

牛羊烦诃叱⑬，筐筥未敢睨⑭。

江南老道人，齿发日夜逝⑮。

他年雪堂品⑯，空记桃花裔⑰。

【注释】

①大冶：今湖北大冶。长老：对和尚的尊称。

②周诗记：西周的《诗经》，我国古代最早的一部诗歌总集。苦茶：指茶，又称"苦茗"。

③茗饮：饮茶，茶汤。近世：近代，指北宋之前的近代。

④粱肉：以粱为饭，以肉为肴。泛指精美的食物。

⑤昏滞：昏乱而不顺畅。

⑥嗟：意思是表示忧感。后一般用来泛指带有侮辱性的施舍。

⑦蒙翳（yì）：遮蔽，覆盖。

⑧不令：不善、不肖，出自《诗经·小雅·十月之交》。寸地：犹寸土。

⑨蓺（yì）：古同"艺"。

⑩饱计：犹生计。

⑪农末：古代指农业和商业。相戾：前后矛盾，相违背。

⑫紫笋：茶名，指顾渚紫笋茶，属绿茶类，产于浙江省湖州市长兴县水口乡顾渚山一带。锐：尖尖的嫩芽。

⑬诃叱：大声喝叫，斥责。

⑭筐筥：筐与筥的并称。方形为筐，圆形为筥。泛指竹器。

⑮齿发：牙齿与头发，借指年龄或谦称自身。

⑯他年：犹言将来，以后。雪堂：苏轼隐居之处，全名"东坡雪堂"。

⑰裔：边远之地。

赵德麟饯饮湖上舟中对月①

老守惜春意②，主人留客情。

官馀闲日月③，湖上好清明④。

新火发茶乳⑤，温风散粥饧⑥。

酒阑红杏暗⑦，日落大堤平。

清夜除灯坐⑧，孤舟擘岸撑⑨。

逮君帻未堕⑩，对此月犹横。

【注释】

①赵德麟：又名赵令畤，初字景贶，苏轼为之改字德麟，自号聊复翁。太祖次子燕王德昭玄孙。元祐中签书颍州公事，时苏轼为知州，荐其才于朝。后坐元祐党籍，被废十年。绍兴初，袭封安定郡王，迁宁远军承宣使。四年卒，赠开府仪同三司。著有《侯鲭录》八卷，赵万里为辑《聊复集》词一卷。饯饮：以酒饯别。

②老守：老者，老人。春意：指春天的气象。

③馀：用餐后剩下的食物，吃剩的食物。日月：生计；生活。

④清明：清明时节的景色。

⑤新火：唐宋习俗，清明前一日禁火，到清明节再起火，称为"新火"。茶乳：煮茶沸腾时，漂浮在翻滚茶汤上的乳白色泡沫，古人认为好茶才会有茶乳。

⑥温风：和暖的风。粥饧（xíng）：甜粥。古代清明节习俗之一，旧俗寒食日以火粳米或大麦煮粥，研杏仁为酪，以饧沃之，

谓之寒食粥。

⑦酒阑：谓酒筵将尽。

⑧清夜：指清静的夜晚。

⑨擘（bò）：大拇指，同"掰"。

⑩帻（zé）：古代的头巾。

惠山谒钱道人烹小龙团登绝顶望太湖①

踏遍江南南岸山，逢山未免更留连②。

独携天上小团月③，来试人间第二泉④。

石路萦回九龙脊⑤，水光翻动五湖天⑥。

孙登无语空归去⑦，半岭松声万壑传⑧。

【注释】

①惠山：地名，位于江苏省无锡市。钱道人：江苏无锡人，与苏轼交好，是苏轼在《和钱安道寄惠建茶》诗中所提起的钱安道的弟弟。小龙团：茶名，宋代印有腾龙图案的小茶饼。太湖：水名，位于江苏省无锡市。

②未免：是指实在是，不能不说是。

③小团月：茶名，指如圆月般的团茶。

④第二泉：即惠山泉。相传经中国唐代茶圣陆羽亲品其味，故一名陆子泉；经乾隆御封为"天下第二泉"。现位于江苏省无锡市西郊惠山山麓锡惠公园内。陆羽评定了天下水品二十等，惠山泉被列为天下第二泉。随后，刘伯刍、张又新等唐代著名

茶人又均推惠山泉为天下第二泉，所以人们又称惠山泉为二泉。

⑤萦回：回旋环绕。九龙脊：诗中指蜿蜒曲折的山脊。

⑥五湖：水名，太湖的古称。

⑦孙登：三国魏晋时期隐士，生卒年不详。空归：空手回来。

⑧半岭：半山腰。松声：松涛声，松树之间随风碰撞所发出的声音。万壑：形容峰峦、山谷极多。

为家乡茶代言的黄庭坚

　　江西诗派开山之祖黄庭坚，字鲁直，号山谷道人，晚号涪翁，洪州分宁（今江西九江修水县）人，北宋著名文学家、书法家，与杜甫、陈师道和陈与义素有"一祖三宗"之称。与张耒、晁补之、秦观都游学于苏轼门下，合称"苏门四学士"。生前与苏轼齐名，世称"苏黄"。

　　黄庭坚生于江西茶乡，一生爱茶，对茶颇有研究，《煎茶赋》对诸多茶知识及茶书有专门录入和介绍。他对家乡双井茶的推广贡献良多，他把双井茶推荐宣传给京城族人及好友欧阳修、苏东坡等，友人也常和诗赞赏，欧阳修、司马光也曾各赋诗一首称颂双井茶，致使双井茶名扬天下，并成为宋时贡茶。他精于茶道，痴于吟诗诵茶，他的《奉同六舅尚书咏茶碾煎烹三首》对"茶之碾""茶之煎""茶之烹"都作了颇有见地的评述，《奉谢刘景文送团茶》还详细描述和推崇了茶的功效。

双井茶①

山谷家乡双井茶②，一啜犹须三日夸③。

暖水春晖润畦雨④，新枝旧柯竞抽芽⑤。

【注释】

①双井茶：宋代贡茶之一，属绿茶类，产自诗人黄庭坚的家乡江西九江修水。

②山谷：指双井茶产地的地理环境被群山环抱。

③啜（chuò）：饮，喝。犹须：还需要，还必须。三日夸：赞美或品味茶的滋味三天。

④暖水：多指春天回暖时的江水。春晖：春光。畦（qí）：田园中分隔开的小面积洼地。

⑤旧柯：没有生机的枯树枝。竞：争竞，比赛。

双井茶送子瞻①

人间风日不到处②，天上玉堂森宝书③。

想见东坡旧居士④，挥毫百斛泻明珠⑤。

我家江南摘云腴⑥，落硙霏霏雪不如⑦。

为公唤起黄州梦⑧，独载扁舟向五湖⑨。

【注释】

①子瞻：苏轼，字子瞻，黄庭坚的好友。

②风日：风景阳光。

③玉堂：玉饰的殿堂。诗中指官署，宋代以后称翰林院为玉堂。森宝书：森然罗列着许多珍贵的书籍。森，众多茂盛的样子。

④东坡旧居士：指苏轼。"东坡"原是黄州的一个地名。苏轼于元丰二年（1079年）被贬到黄州后，曾在城郊的东坡筑室居住，因自号"东坡居士"。

⑤挥毫：指用毛笔写字或画画，也指男子动作的潇洒豪迈。百斛（hú）：泛指多斛。十斗为一斛。泻明珠：说苏轼赋诗作文似明珠倾泻而出。

⑥江南：诗中指作者黄庭坚的家乡江西九江修水。云腴：指茶叶。高山云雾生长的茶叶肥美鲜嫩，称云腴。腴是肥美的意思。诗中的"云腴"，即为修水特产双井茶。

⑦落硙（wèi）：把茶叶放在石磨里磨碎。硙，亦作"碨"，研制茶叶的小石磨。霏霏：这里指茶的粉末纷飞。雪不如：说茶的粉末极为洁白，雪也比不上它。

⑧公：诗中指苏轼。唤起：激起回忆、联想这个地方唤起了人们对年代的回忆。黄州：地名，北宋元丰年间，苏轼被贬之地。

⑨独载：用范蠡事。相传春秋时期范蠡辅佐越王勾践灭掉吴国之后，不愿接受封赏，弃去官职，泛舟游于五湖。扁舟：小船。五湖：太湖的别名。

奉谢刘景文送团茶^①

刘侯惠我大玄璧^②，上有雌雄双凤迹。

鹅溪水练落春雪^③，粟面一杯增目力^④。

刘侯惠我小玄璧，自裁半璧煮琼靡^⑤。

收藏残月惜未碾^⑥，直待阿衡来说诗^⑦。

绛囊团团余几璧^⑧，因来送我公莫惜。

个中渴羌饱汤饼^⑨，鸡苏胡麻煮同吃。

【注释】

①刘景文：人名，字景文，河南开封人。宋仁宗嘉祐间，以左班殿直监饶州酒务。

②惠：给人财物或好处。玄璧：黑色的璧玉。诗中指如黑色璧玉般的茶饼。

③鹅溪：水名。

④目力：视力。

⑤自裁：诗中指自己撬开茶饼。半璧：半个茶饼。琼靡（mí）：诗中指美味的茶汤。靡，古同"糜"，烂。

⑥残月：诗中指没有撬开的这半个茶饼。

⑦直待：一直等到。阿衡：商代官名，师保之官。

⑧绛囊：红色口袋。

⑨个中：此中，其中。渴羌：用以称嗜茶的人。

⑩鸡苏：草名，又名龙脑薄荷、水苏。其叶辛香，可以烹鸡，

故名。胡麻：即芝麻。

踏莎行[①]

画鼓催春[②]，蛮歌走饷[③]。雨前一焙谁争长[④]。低株摘尽到高株，株株别是闽溪样[⑤]。

碾破春风[⑥]，香凝午帐[⑦]。银瓶雪滚翻成浪[⑧]。今宵无睡酒醒时，摩围影在秋江上[⑨]。

【注释】

①踏莎（suō）行：词牌名，双调五十八字，又名"柳长青""喜朝天""踏雪行"等。

②画鼓：有彩绘的鼓。

③蛮歌：南方少数民族之歌。古时称西南少数民族为蛮夷，当地所唱的歌曲称为蛮歌。饷：给在田间里劳动的人送饭。

④雨前：绿茶的一种，用谷雨前采摘的细嫩芽尖制成。焙：微火烘烤。争长（zhǎng）：即争霸。

⑤闽溪：即建溪，福建闽江的北源，流经武夷山茶区。溪产有建溪贡茶，即龙团凤饼。

⑥碾破：将茶碾碎。风：指茶。

⑦凝：弥漫。

⑧银瓶：银质的瓶，常指酒器，此指盛茶的茶具。

⑨摩围：指摩围山，在黔州。

品令·茶词①

凤舞团团饼②。恨分破③，教孤令④。金渠体净⑤，只轮慢碾，玉尘光莹。汤响松风⑥，早减了二分酒病。

味浓香永。醉乡路⑦，成佳境。恰如灯下，故人万里，归来对影。口不能言，心下快活自省⑧。

【注释】

①品令：词牌名，双调五十二字，前段四句三仄韵，后段四句两仄韵。

②凤舞团团饼：指龙凤团茶中的凤饼茶。龙团凤饼为宋代御制贡品茶，名满天下。

③分破：碾破磨碎。

④孤令：即孤零。令同"零"。

⑤金渠：指茶碾，金属所制。体净：整个碾具干净。

⑥汤响松风：烹茶汤煮沸的声响如松林风过。

⑦醉：指茶也醉人。

⑧省：知觉，觉悟。

满庭芳·茶①

北苑春风②，方圭圆璧③，万里名动京关④。碎身粉骨，功合上凌烟⑤。尊俎风流战胜⑥，降春睡、开拓愁边⑦。纤纤捧，研膏浅乳，金缕鹧鸪斑⑧。

相如，虽病渴^⑨，一觞一咏，宾有群贤。为扶起灯前，醉玉颓山^⑩。搜搅胸中万卷^⑪，还倾动、三峡词源。归来晚，文君未寐^⑫，相对小窗前。

【注释】

①满庭芳：词牌名，又名"锁阳台""清真集"，入中吕调。

②北苑春风：诗中指北苑贡茶中的社前茶，比清明节早半个月左右，茶叶的鲜嫩程度优于明前茶。

③方圭圆璧：诗中指茶饼形状，也指茶饼珍贵。

④京关：京都，国家的首都。

⑤凌烟：即凌烟阁。唐代为表彰功臣而建筑的绘有功臣图像的高阁，位于唐京师长安城太极宫东北隅，因"凌烟阁二十四功臣"而闻名于世，后毁于战乱。

⑥尊俎：古代盛酒肉的器皿。

⑦春睡：春困，困乏，或者慵懒的样子。开拓愁边：提神解忧。

⑧鹧鸪斑：以其纹色代指茶盏，极珍贵。

⑨相如：即汉代赋家司马相如，因患消渴疾而死。

⑩醉玉颓山：男子风姿挺秀，酒后醉倒的风采。

⑪搜搅：意为扰乱、搅动。诗中指竭尽全力。

⑫文君：即汉代才女卓文君，中国古代四大才女之一。卓文君与汉代文人司马相如的一段爱情佳话被后人津津乐道。未寐：没有睡着。

酷爱分茶的陆游

陆游，字务观，号放翁，越州山阴（今浙江绍兴）人，南宋文学家、史学家、爱国诗人。陆游生逢北宋灭亡之际，少年时代即深受爱国思想的熏陶。其诗、词、文样样精通，以诗成就最高，自言"六十年间万首诗"，一部《剑南诗稿》，存诗9300余篇。

陆游一生爱茶，当过十年茶官，有三百多首与茶相关的诗句，可谓历代诗人中作茶诗数量最多者。他对江南茶叶情有独钟，特别是家乡的日铸茶。他自比陆羽，说"我是江南桑苎翁，汲泉闲品故园茶"，并说字要写草、茶要喝好。陆游茶诗中对茶艺、茶道有细致入微的理解，也涉及对磨茶、煎茶、斗茶等的描写。他尤其喜欢分茶，他常与自己的儿子进行分茶游戏，调剂自己的生活情致，通过分茶排遣心中郁闷，诗词中多有分茶描述。陆游的众多茶诗记述了茶事活动的诸多方面，详细描绘了茶艺活动的情节，真实反映了当时的品茶习俗与风气，再现了广阔绚丽的宋人市井图画，成为研究宋代茶文化的一个重要视角。

临安春雨初霁^①

世味年来薄似纱^②，谁令骑马客京华^③？

小楼一夜听春雨，深巷明朝卖杏花^④。

矮纸斜行闲作草^⑤，晴窗细乳戏分茶^⑥。

素衣莫起风尘叹^⑦，犹及清明可到家。

【注释】

①临安：南宋首都，即今浙江杭州。霁（jì）：雨后或雪后转晴。

②世味：人世滋味，社会人情。

③客：客居，原作"驻"，据钱仲联校注本改。京华：京城之美称。因京城是文物、人才汇集之地，故称。

④深巷：很长的巷道。明朝（zhāo）：明日早晨。

⑤矮纸：短纸、小纸。斜行：倾斜的行列。草：指草书。

⑥晴窗：明亮的窗户。细乳：沏茶时水面呈白色的小泡沫。分茶指宋人点茶法，即将茶置盏中，缓注沸水，以茶笃或茶匙搅动而现白色浮沫，即所谓细乳。戏，原作"试"，据钱仲联校注本改。

⑦素衣：原指白色的衣服，这里用作代称。是诗人对自己的谦称（类似于"素士"）。风尘叹：因风尘而叹息，暗指不必担心京城的不良风气会污染自己的品质。

入　梅①

微雨轻云已入梅，石榴萱草一时开②。

碑偿宿诺淮僧去，卷录新诗蜀使回。

墨试小螺看斗砚，茶分细乳玩毫杯③。

客来莫诮儿嬉事④，九陌红尘更可哀⑤！

【注释】

①入梅：也称"入霉""进梅"，指初夏向盛夏过渡的一段时间。

②萱草：又名"忘忧草""宜男草"等，多年生宿根草本，食用时多称"金针"。

③茶分：即分茶。

④诮（qiào）：责备。

⑤九陌：原指汉长安城中的九条大路，这里泛指京城。

疏山东堂昼眠①

饭饱眼欲闭，心闲身自安。

乐超六欲界②，美过八珍盘③。

香缕萦檐断④，松风逼枕寒⑤。

吾儿解原梦，为我转云团⑥。

【注释】

①疏山：位于江西省金溪县境内，山上有疏山寺，周围五

峰错落、风景秀丽。昼眠：白天睡觉。

②六欲：佛教中指人的六种欲望，即色欲、形貌欲、威仪
姿态欲、言语音声欲、细滑欲和人想欲，这里泛指欲望。

③八珍：烹饪术语，原指八种珍贵的食物，历代各有不同，
这里指八种稀有而珍贵的烹饪原料。

④萦：环绕。

⑤逼：迫近。

⑥云团：茶团。

山茶（其一）①

东园三月雨兼风②，桃李飘零扫地空③。

唯有山茶偏耐久，绿丛又放数枝红。

【注释】

①山茶：山茶花，灌木或小乔木植物。

②东园：泛指园圃。雨兼风：喻指暴风骤雨。

③飘零：飘落，凋零。

以茶命名的汤显祖

汤显祖，字义仍，号海若、若士、清远道人。汤氏祖籍临川县云山乡，后迁居汤家山（今江西抚州市）。出身书香门第，早有才名，他不仅精于古文诗词，而且通天文地理、医药卜筮诸书。万历十一年（1583年）中进士，任南京太常寺博士、礼部主事等职。明代著名戏曲剧作家、文学家。

汤显祖对茶文化比较熟稔，不仅剧作中经常提及茶事，还专门写了许多茶事，如《茶马》《煮屿烹茶》等。汤显祖嗜茶，将其临川的住处直接命名为"玉茗堂"，自号"玉茗堂主人"，所著文集二十九卷，名为《玉茗堂集》。时人称他所创作的流派为"玉茗堂派"，其剧作《南柯记》《紫钗记》《邯郸记》《牡丹亭》合称"玉茗堂四梦"。《牡丹亭》是汤显祖最著名的作品，作者提及茶26次，如有早茶（早茶时了，请行）、午晌茶（吟余改抹前春句，饭后寻思午晌茶）、茶食（贴捧茶食上）等。《硬拷打》提到订婚茶礼，《劝农》描写采茶、咏茶、泡茶、敬茶等情节。另外，汤显祖在外任职和游历时，

明·周淑禧 《茶花幽禽图》

明·文徵明 《惠山茶会图》

宋·赵佶 《文会图》

走访茶农，目见许多茶事及品茶，为其戏剧和诗文艺术的创作提供了诸多滋养。

【前腔①】〔老旦、丑持筐采茶上②〕乘谷雨，采新茶一旗半枪金缕芽③。呀，什么官员在此？学士雪炊他，书生困想他，竹烟新瓦。〔外④〕歌的好。说与他，不是邮亭学士，不是阳羡书生⑤，是本府太爷劝农。看你妇女们采桑采茶，胜如采花。有诗为证："只因天上少茶星，地下先开百草精。闲煞女郎贪斗草⑥，风光不似斗茶清。"领了酒，插花去。〔老旦、丑插花，饮酒介⑦〕〔合⑧〕官里醉流霞，风前笑插花，采茶人俊煞。〔下〕〔生、末跪介⑨〕禀老爷，众父老茶饭伺候。〔外〕不消。余花余酒，父老们领去，给散小乡村，也见官府劝农之意。叫祗候们起马⑩。〔生、末做攀留不许介〕〔起叫介〕村中男妇领了花赏了酒的，都来送太爷。（《牡丹亭·劝茶》）

【注释】

①前腔：戏曲音乐名词。同曲变体连用。在南曲中，一个曲牌反复多次运用，一般从第二曲起称为前腔。即与前面一曲的腔调相同之意。

②老旦：戏曲行当之一，是扮演老年妇女的角色。丑：戏剧角色行当之一，一般扮演插科打诨比较滑稽的角色。

③一旗半枪：采茶叶的时候，采一个芽加半片叶，芽像古时枪上的矛，叶像下面的旗。金缕芽：指像柳条一样的茶芽。

④外：戏曲艺术角色行当之一。元明戏曲中有外末、外旦、外净，大致是指生、旦、净等行当的副脚，不表现确定的性格特征。

⑤阳羡书生：出自《续齐谐记》，讲阳羡人许彦到集市卖鹅路遇各种离奇神异之事的故事。

⑥斗草：一种由采草药衍生而成的民间游戏。

⑦介：戏曲表演术语。关于动作、表情、效果等方面的舞台提示，南戏称为"介"，北方杂剧称"科"，二者意义相同，只是称谓有异。

⑧合：表示合唱的舞台提示语。

⑨生：戏剧中扮演男性角色的一种行当，其中老生主要扮演帝王及儒雅文弱的中老年人，小生主要扮演年轻英俊的男性角色，武生扮演勇猛战将或绿林英雄，红生专指勾红色脸谱的老生，娃娃生一般是剧中儿童角色。末：戏曲行当之一，表演上与正生相同。

⑩祗（zhī）候：官府小吏或富贵人家的仆役。

茶　马①

秦晋有茶贾，楚蜀多茶旗②。

金城洮河间③，行引正参差④。

绣衣来汉中⑤，烘作相追随。

以筦计分率⑥，半分军国资⑦。

番马直三十^⑧，酬篚二十余。

配军与分牧，所望蕃其驹^⑨。

月余马百钱，岂不足青刍^⑩。

奈何令倒死，在者不能趋。

倒死亦不闻，军吏相为渔。

黑茶一何美^⑪，羌马一何殊。

有此不珍惜，仓卒非长驱^⑫。

健儿犹饿死，安知我马徂^⑬。

羌马与黄茶^⑭，胡马求金珠。

羌马有权奇^⑮，胡马皆驵驽^⑯。

胡强掠我羌，不与兵驱除。

羌马亦不来，胡马当何如！

【注释】

①茶马：即在今四川、陕西等地实行茶马互市，与西蕃以茶换马，始于宋代。

②茶旗：指茶展开的芽，茶树的嫩叶。

③金城：指甘肃兰州。洮河：藏语称碌曲（鲁神之水），古称洮水〔因发源于洮台山北（西倾山）〕，黄河上游右岸第一大支流。

④引：指商人运销货物的凭证。参差：不整齐。

⑤绣衣：彩绣的丝绸衣服，古代贵者所服。汉中：位于陕西省西南部，北依秦岭山脉，南屏巴山山脉，中部为汉中盆地。

自古被称为"天府之国""鱼米之乡"。

⑥篦（bì）：齿密的梳头工具。

⑦军：充军。国资：指当时的茶马司。

⑧直：同"值"。

⑨驹：泛指小马。

⑩青刍：新鲜的草料。

⑪黑茶：因成品茶的外观呈黑色，故得名。黑茶属发酵茶，一般要经历杀青、揉捻、渥堆和干燥四道工序。

⑫仓卒：亦作"仓猝"，匆忙急迫。

⑬徂（cú）：行军或类似行军那样的行走。

⑭黄茶：茶叶之一种，因"黄叶黄汤"而得名。其按鲜叶老嫩、芽叶大小又分为黄芽茶、黄小茶、黄大茶、贵州唐朝古法黄茶，其制作过程是鲜叶杀青揉捻、闷黄、干燥。

⑮权奇：奇谲非凡。多形容良马善行。

⑯骀（dài）驽：指劣马。

竹屿烹茶①

君子山前放午衙②，湿烟青竹弄云霞。

烧将玉井峰前水③，来试桃溪雨后茶④。

【注释】

①屿（yǔ）：小岛。

②君子山：在今浙江遂昌县城西隅。

③玉井峰：位于遂昌县西十公里处。光绪《遂昌县志·山水》："玉井峰在邑西二十里（现三仁乡小忠吴坞），元尹六峰筑会一堂而隐焉。"

④桃溪：发源于高坪乡桃源尖西南麓和尚岭，旧时称内外桃源。雨后茶：又叫春尾茶，是指谷雨（四月下旬）之后采摘、制作的春茶。

题溪口店寄劳生希召龙游二首·其一①

谷雨将春去，茶烟满眼来。

如花立溪口②，半是采茶回。

【注释】

①溪口：遂昌和龙游交界处的小镇。万历二十六年（1598年），汤显祖赴北京述职回来，乡绅劳希召在溪口设宴款待，于是写下了这首诗。龙游：今浙江衢州。

②如花：指如花一样的采茶女。

即事寄孙世行吕玉绳二首（其一）①

偶来东浙系铜章②，只似南都旧礼郎③。

花月总随琴在席，草书都与印盛箱。

村歌晓日茶初出，社鼓春风麦始尝④。

大是山中好长日，萧萧衙院隐焚香⑤。

【注释】

①即事：多用为诗词题目，指以当前事物为题材的诗。

②铜章：古代铜制的官印。唐以来称郡县长官或指相应的官职。这里是说因公务来浙东。

③南都：指南京。

④社鼓：旧时社日祭神所鸣奏的鼓乐。指社庙内敲的鼓。

⑤萧萧：冷落凄清的样子。衙院：衙门府院。

雁山种茶人多阮姓，偶书所见（其一）①

一雨雁山茶，天台旧阮家②。

暮云迟客子，秋色见桃花。

壁绣莓苔直③，溪香草树斜。

凤箫谁得见？空此驻云霞。

【注释】

①雁山：即雁荡山。主体位于浙江省温州市东北部海滨，小部在台州市温岭南境。雁荡山以山水奇秀闻名，素有"海上名山、寰中绝胜"之誉，史称中国"东南第一山"。

②天台旧阮家：典出刘义庆《幽明录》，指汉明帝永平五年，会稽郡剡县刘晨、阮肇共入天台山采药，山中偶遇两仙女，被邀至家中，并招为婿的故事，唐宋以来多有流传。

③莓苔：青苔。

不可一日无茶的乾隆

清高宗爱新觉罗·弘历，清朝第六位皇帝，入关之后的第四位皇帝，年号"乾隆"，寓意"天道昌隆"。25岁登基，在位六十年，禅位后又任三年零四个月太上皇，实际行使国家最高权力长达六十三年零四个月，是中国历史上实际执掌国家最高权力时间最长的皇帝，也是中国历史上最长寿的皇帝。

民间流传着很多关于乾隆与茶的故事，涉及种茶、饮茶、取水、茶名、茶诗等与茶相关的方方面面。乾隆曾六下江南，微服私访的同时也饮遍了江南的各样名茶。他在龙井狮子峰胡公庙前饮龙井茶时，赞赏茶叶香清味醇，遂封庙前18棵茶树为"御茶"，并派专人看管，年年岁岁采制进贡到宫中，"御茶"至今遗址尚存。乾隆一生嗜茶，到了晚年，更是到了病茶的地步。85岁高龄时，乾隆欲退隐让位，有大臣劝道："国不可一日无君！"乾隆回曰："君不可一日无茶也！"对品茶鉴水，乾隆亦独有所好。他品尝洞庭中产的"君山银针"后赞誉不绝，令当地每年进贡18斤。他还赐名福建安溪茶为"铁观音"，从此安溪茶声名大振，至今不衰。

观采茶作歌

火前嫩，火后老，惟有骑火品最好^①。

西湖龙井旧擅名^②，适来试一观其道^③。

村男接踵下层椒^④，倾筐雀舌还鹰爪^⑤。

地炉文火续续添，干釜柔风旋旋炒。

慢炒细焙有次第^⑥，辛苦工夫殊不少。

王肃酪奴惜不知^⑦，陆羽茶经太精讨^⑧。

我虽贡茗未求佳^⑨，防微犹恐开奇巧。

防微犹恐开奇巧，采茶喝览民艰晓^⑩。

【注释】

①骑火：指每年清明前后采制的茶叶。骑火茶的成名主要来源于节气，在农历冬至后105日，清明节前一二日不生火做饭，称为寒食节；而到了清明，重新生火，因采制时间跨过了寒食和清明生火，因此就被称作"骑火茶"。

②西湖龙井：中国十大名茶之一，属绿茶，其产于浙江省杭州市西湖龙井村周围群山，并因此得名。清乾隆游览杭州西湖时，盛赞西湖龙井茶，把狮峰山下胡公庙前的18棵茶树封为"御茶"。擅名：享有名声。

③适来：方才。

④层巅：高山之巅。

⑤倾筐：本指一种斜口的筐子，后亦以"倾筐"指倾倒筐子。崔舌：用嫩芽焙制的上等芽茶，因形状小巧似崔舌而得名。

⑥次第：一个挨一个地。

⑦王肃酪奴：南北朝时，北魏人不习惯饮茶，而好奶酪，东海郡郯县人王肃更是自贬茶叶为"酪奴"，即酪浆的奴婢。

⑧精讨：细心研究。

⑨贡茗：贡茶。

⑩朅（qiè）：句首语助词。晓：知道。

雨前茶

二月新丝五月谷①，穷黎剜尽心头肉②。

花瓷偶啜雨前茶，彷徨愧我为民牧③。

【注释】

①新丝：指二月的春茶。五月谷：谷雨前后采制而成的茶。

②穷黎：贫苦百姓。剜尽：搜刮殆尽。

③民牧：旧时谓治理民众的君王或地方长官。

荷露煮茗①

平湖几里风香荷，荷花叶上露珠多。

瓶罍收取供煮茗②，山庄韵事真无过？

惠山竹炉仿易得③，山僧但识寒泉脉④。

泉生於地露生天，霄壤宁堪较功德⑤。

冬有雪水夏露珠，取之不尽仙浆腴⑥。

越瓯吴荚聊浇书⑦，匪慕炼玉烧丹垆⑧，金堇汉武何为乎⑨。

【注释】

①荷露煮茗：用荷花的露水煮茶。

②罍（léi）：古代一种酒器，多用青铜或陶制成。口小，腹深，有圈足和盖儿。这里指用来煮茶的器皿。

③"惠山"句：无锡惠山的"天下第二泉"旁，有明初惠山寺住持性海所植的松树万株，性海又在古松旁建一精舍，名"听松庵"。听松庵内有一茶炉，古色古香，煞是漂亮。但自明创制以来，此物屡毁屡新，历七百年之久，引起明清许多文人、僧人乃至皇帝吟诗赞美。乾隆有一首《题惠山听松庵竹垆图叠前韵》，即专咏此事。

④脉：脉络。

⑤霄壤：指天和地。

⑥腴：丰润。

⑦越瓯：越地产的陶瓷茶器。浇书：指晨饮。

⑧匪慕：不羡慕。

⑨汉武：指西汉武帝刘彻。

文渊阁赐茶①

层阁文华殿后峨②，昨春庆宴觉无何③。

具瞻楠架四库贮④，且喜芸编三面罗⑤。

十载春秋成不日，极天渊海尚余波。

待钞藏事遗百一⑥，月课督程仍校讹⑦。

【注释】

①文渊阁：位于北京故宫博物院东华门内文华殿后，仿浙江宁波范氏天一阁而成，是紫禁城中最大的一座皇家藏书楼。乾隆曾在殿内下诏征书，编纂《四库全书》。

②文华殿：始建于明永乐十八年（1420 年），位于外朝协和门以东，与武英殿东西遥对。文华殿在明代是皇太子东宫，清时举行经筵。峨：高耸。

③无何：没有什么。

④具瞻：为众人所瞻望。

⑤芸编：指书籍。芸，香草，置书页内可以辟蠹，故称。三面罗：喻宽刑和施行仁政。

⑥蒇（chǎn）事：谓事情办理完成。

⑦月课：明清时每月对学子的课试或对武官武艺的考校，这里指对《四库全书》的编纂。校讹：校对讹误。

坐龙井上烹茶偶成①

龙井新茶龙井泉，一家风味称烹煎。

寸芽生自烂石上，时节焙成谷雨前②。

何必凤团夸御茗③，聊因雀舌润心莲④。

呼之欲出辩才在⑤，笑我依然文字禅⑥。

【注释】

①偶成：偶然写成。

②焙：用微火烘。

③凤团：宋代贡茶名。用上等茶末制成团状，印有凤纹。泛指好茶。

④聊：姑且。心莲：心田，心间。

⑤呼之欲出：叫一声就像会出来似的。

⑥文字禅：通过学习和研究禅宗经典而把握禅理的禅学形式。它以通过语言文字习禅、教禅，通过语言文字衡量迷悟和得道深浅为特征。

逸趣横生的茶事茶闻

孙皓以茶代酒

　　孙皓，字元宗，吴郡富春县（今杭州富阳）人，吴大帝孙权之孙，吴文帝孙和之子，东吴末代皇帝。在位初期尚能施行明政，后期沉迷酒色、昏庸暴虐，鲁迅称他为"特等的暴君"。他嗜酒如命，终因喝酒误国，却也成就了一段"以茶代酒"的佳话。据说他特别照顾大臣韦曜，酒席间暗中作弊，偷偷用茶换下韦曜的酒，使之得过"酒关"。而今日，"以茶代酒"成为不胜酒力者所行的替代礼节，当不胜酒力者不想喝酒却又盛情难却时，就用茶来代替，并可称得上是一种大方之举的文雅之事。

　　皓每飨宴，无不竟日①，坐席无能否率已七升为限，虽不悉入口②，皆浇灌取尽③。曜素饮酒不过二升④，初见礼异时⑤，常为裁减，或密赐荈以当酒⑥，至于宠衰，更见逼强⑦，辄以为罪。又于酒后使侍臣难折公卿⑧，以嘲弄侵克发摘私短以为欢⑨。时有衍过，或误犯皓讳，辄见收缚⑩，至于诛戮。曜以为外相毁伤，内长尤恨，使不济济⑪，非佳事也，故但示难问经义言论而已。

(《三国志·吴书·韦曜传》)

【注释】

①竟日：终日，从早到晚。

②悉：都。

③浇灌取尽：强迫灌完酒。

④曜：即韦曜，本名韦昭，字弘嗣，吴郡云阳县（今江苏省丹阳）人。三国时期吴国重臣、史学家。素：平日。

⑤礼异：特殊礼遇。

⑥荈（chuǎn）：采摘时间较晚的茶，指粗茶。

⑦逼强：犹强迫。

⑧难折（shé）：诘难。

⑨侵克：侵害打击。

⑩收缚：犹收系，逮捕监禁。

⑪济济：端庄礼敬的样子。

陆纳以茶果待客

陆纳，字祖言，吴郡吴县（今江苏苏州）人，东晋后期官员，司空陆玩之子。少有清操，贞厉绝俗。初辟镇军大将军、武陵王掾，州举秀才。太原王述雅敬重之，引为建威长史。累迁黄门侍郎、本州别驾、尚书吏部郎，出为吴兴郡太守。

陆纳有"恪勤贞固，始终勿渝"的口碑，是一个以俭德著称的人。有一次，卫将军谢安要去拜访陆纳，陆纳的侄子陆俶对叔父招待之品仅仅为茶果而不满。陆俶于是便自作主张，暗暗备下丰盛的菜肴，待谢安来了，陆俶便献上了这桌丰筵。客人走后，陆纳愤责陆俶说："汝既不能光益叔父，奈何秽吾素业。"并打了侄子四十大板，狠狠教训了侄子一顿。

陆纳为吴兴太守①，时卫将军谢安常欲诣纳②，纳兄子俶怪纳，无所备，不敢问之，乃私蓄十数人馔③。安既至，所设唯茶果而已。俶遂陈盛馔珍羞必具④，及安去，纳杖俶四十⑤，云："汝既不能光益叔父，奈何秽吾素业⑥？"

【注释】

①吴兴：今浙江湖州。

②谢安：字安石，陈郡阳夏（今河南太康）人。东晋时期政治家、军事家。谢安出身陈郡谢氏，自少以清谈知名，屡辞辟命，隐居会稽郡山阴县之东山，与王羲之、许询等游山玩水，并教育谢家子弟。诣：到，至。

③馔：食物，食品。

④珍羞：美味的佳肴。

⑤杖：手持木棍打。

⑥秽：弄脏，弄浊。

王肃好酪奴^①

　　王肃，字恭懿，琅琊（今山东临沂）人，曾在南朝齐任秘书丞。太和中，因父王奂为齐所杀，而自建康（今江苏南京）奔魏（北魏国都平城，今山西大同），魏孝文帝虚襟待之，随即授职大将军长史。后王肃破齐将裴叔业立下战功，进号镇南将军。魏宣武帝时，官居宰辅，累封昌国县侯，官终扬州刺史。

　　王肃原在南齐时便极好喝茶，投靠北魏后，饮食上初时仍习惯于喝茶，吃饭菜偏爱鲫鱼羹，对羊肉和奶酪之物碰也不碰。他特别善饮，据说一次能喝茶一斗，所以洛阳人给他取了个绰号，叫"漏卮"，意谓这张嘴好像破漏的杯子，喝了还要喝，老填不满，永无厌足。

　　肃初入国，不食羊肉及酪浆等物，常饭鲫鱼羹，渴饮茗汁。京师士子道肃一饮一斗，号为漏卮^②。经数年已后，肃与高祖殿会，食羊肉酪粥甚多。高祖怪之，谓肃曰："卿中国之味也^③。羊肉何如鱼羹？茗饮何如酪浆？"肃对曰："羊者是陆产之最，鱼者乃水族之长。所好不同，并各称珍。以味言之，甚是优劣。羊比齐鲁大邦，鱼比邾莒小国④。唯茗不中与酪作奴。"高祖大笑。因举酒曰："三三横，两两纵，谁能辨之赐金钟。"御史中尉李彪曰："沽酒老妪瓮注瓨⑤，屠儿割肉与秤同。"尚书右丞甄琛曰："吴人浮水自云工，妓儿掷绳在虚空。"彭城王勰曰："臣始解此字是习字。"高祖即以金钟赐彪。朝廷服彪聪明有智，甄琛和之亦速。彭城王谓肃曰："卿不重齐鲁大邦，而爱邾莒小国。"肃对曰："乡曲所美⑥，不得不好。"彭城王重谓曰："卿明日顾我，为卿设邾莒之食，亦有酪奴。"因此复号茗饮为酪奴。（《洛阳伽蓝记》）

【注释】

①酪奴：北魏人好奶酪，戏称茶为"酪奴"，即酪浆的奴婢。

②漏卮：有漏洞的盛酒器，比喻酒量大，没有限度。

③卿："卿"字像两人相对而坐就餐，指用酒食款待人，与"乡""飨"同源。后来"卿"假借指高级官员的名称。君王称亲近的大臣为卿，有的称"爱卿"。

④邾：古邑名，在今山东邹城。莒：周代诸侯国名，在今山东省莒县一带。

⑤沽酒：卖酒。瓨（xiáng）：长颈的瓷坛类容器。

⑥乡曲：乡里，亦指穷乡僻壤。形容见识寡陋。

吃茶去

从谂禅师，俗姓郝，唐代著名高僧。曹州郝乡（今山东曹县）人，幼年出家，不久南下参谒南泉普愿，学得南宗禅的奇峭，因早证悟，人称"赵州古佛"。他将南禅宗往前推进了一大步，是禅宗史上一位震古烁今的大师。80岁时常住赵州观音寺，为禅林楷模，人称"赵州和尚"。从谂禅师非常喜欢喝茶，几乎到了"唯茶是求"的地步，也喜欢用茶作佛家机锋语，这句看似再平常不过的"吃茶去"，在他眼里却是充满着佛性智慧的禅林法语。"吃茶去"说的是生活有茶、茶中有禅的道理，即身处纷乱复杂的红尘之中，应该保持一种像"吃茶去"一样的人生态度。

有僧到赵州从谂禅师处[①]，师问："新近曾到此间么?"[②]曰："曾到。"师曰："吃茶去。"又问僧。僧曰："不曾到。"师曰："吃茶去。"后院主问曰："为什么曾到也云吃茶去，不曾到也云吃茶去?"师召院主，主应诺。师曰："吃茶去。"（《广群芳谱·茶谱》引《指月录》）

【注释】

　①赵州：今河北石家庄赵县。

　②此间：指这里。

李德裕嗜惠山泉^①

李德裕，字文饶，小字台郎，赵郡赞皇（今河北赞皇）人。唐代杰出的政治家、文学家、战略家，中书侍郎李吉甫次子。李德裕出身于赵郡李氏西祖，早年以门荫入仕，历任校书郎、监察御史、西川节度使、淮南节度使等职。他历仕宪宗、穆宗、敬宗、文宗四朝，一度入朝为相，但因党争倾轧，多次被排挤出京，至武宗朝方再次入相。宣宗继位后，他因位高权重而遭忌，五贬为崖州司户。大中三年在崖州病逝，懿宗年间，追复官爵，加赠左仆射。

身为宰辅，李德裕对茶亦是出了名的喜爱。听说天柱山的茶叶闻名于世，是贡茶中的珍品。宝历二年（826年），他率官场好友畅游安徽潜山西部的天柱山，慕名求索名茶，并在石牛古洞上撰文，留存同游者籍贯和姓名，以示纪念。据说他对煮茶之水也十分考究，为了饮惠山泉，不惜千里置"水递"运水，方解取水之困。

古者，五行官守皆不失其职，声色香味俱能别之。赞皇公李德裕[2]，博达之士也。居庙廊日，有亲知奉使于京口[3]。李曰："还日[4]，金山下扬子江中冷水，与取一壶来。"其人举棹日醉而忘之，泛舟上石城下方忆及。汲一瓶于江中，归京献之。李公饮后，惊讶非常，曰："江表水味有异于顷岁矣[5]！此水颇似建业石城下水。"其人谢过，不敢隐也。有亲知授舒州牧[6]，李谓之曰："到彼郡日，天柱峰茶可惠三数角。"其人献之数十斤，李不受，退还。明年罢郡，用意精求，获数角投之。赞皇阅之而受曰："此茶可消酒肉毒。"乃命烹一瓯，沃于肉食，以银合闭之。诘旦同开视[7]，其肉已化为水矣。众伏其广识也。(《中朝故事》)

【注释】

①惠山泉：相传被唐代陆羽亲品其味，故一名陆子泉，经乾隆御封为"天下第二泉"，位于江苏省无锡市西郊惠山山麓锡惠公园内。

②赞皇：今河北赞皇，李德裕出生地。

③京口：江苏镇江的古称。三国时孙权在京岘山东筑城，其城凭山临江，故称京口。

④还日：返回的时候。

⑤顷岁：昔年。

⑥舒州：位于安徽省西南部、皖河上游，是安徽省安庆市的前身。牧：长官。

⑦诘旦：平明，清晨。

王安石验水

　　王安石，字介甫，号半山，临川（今江西抚州）人，北宋著名的思想家、政治家、文学家、改革家。王安石历任扬州签判、鄞县知县、舒州通判等职，政绩显著。熙宁二年，任参知政事，次年拜相，主持变法。因守旧派反对，熙宁七年罢相。一年后，宋神宗再次起用，旋即罢相，退居江宁。元祐元年，保守派得势，新法皆废，郁然病逝于钟山（今江苏南京），赠太傅。绍圣元年，获谥"文"，故世称王文公。

　　王安石与苏东坡宦海沉浮多年，两人的改革政见分歧颇大，但有一则茶事故事把两人联系到了一起。苏东坡被贬为黄州团练副使时，王安石已近暮年。当时王安石患有炎火之症，服用许多中药后，总不见好转。于是太医建议他用阳羡茶一试，并叮嘱要用三峡瞿塘中峡水烹煮。苏东坡是蜀地人，有机会过三峡，王安石于是托东坡捎来长江水烹茶。偏偏苏东坡那日过长江时睡意来袭，在船上打了个盹，醒来时船已经到瞿塘峡的下峡。苏东坡赶紧从江中取水，并送水至王安石府上。以为这样就可以蒙混过关，不料被王安石识破，一时传为佳话。

    茶罢，荆公问道："老夫烦足下带瞿塘中峡水，可有么？"东坡道："见携府外。"荆公命堂候官两员，将水瓮抬进书房。荆公亲以衣袖拂拭，纸封打开。命童儿茶灶中煨火，用银铫汲水烹之①。先取白定碗一只②，投阳羡茶一撮于内③。候汤如蟹眼，急取起倾入。其茶色半晌方见。荆公问："此水何处取来？"东坡道："巫峡。"荆公道："是中峡了？"东坡道："正是。"荆公笑道："又来欺老夫了！此乃下峡之水，如何假名中峡？"东坡大惊，述土人之言，"'三峡相连，一般样水。'晚学生误听了，实是取下峡之水。老太师何以辨之？"荆公道："读书人不可轻举妄动，须是细心察理。老夫若非亲到黄州，看过菊花，怎么诗中敢乱道黄花落瓣？这瞿塘水性，出于《水经补注》。上峡水性太急，下峡太缓。惟中峡缓急相半。太医院官乃明医，知老夫乃中脘变症④，故用中峡水引经。此水烹阳羡茶，上峡味浓，下峡味淡，中峡浓淡之间。今见茶色半晌方见，故知是下峡。"东坡离席谢罪。（《警世通言》）

【注释】

    ①铫（diào）：一种有柄有流的小烹器。

    ②白定碗：宋代定窑生产的白色碗制瓷，为当时名品之一。

    ③阳羡茶：产于江苏宜兴南部丘陵山区，以汤清、芳香、

味醇享誉全国，宋时不仅深受皇亲国戚的偏爱，更为文人雅士所喜欢。

④脘（wǎn）：中医指胃内部的空腔。

蔡襄辨茶

　　蔡襄，字君谟，兴化仙游（今福建仙游）人，宋代文学家、书法家、茶学家。蔡襄诗文清妙，造诣较深，有《蔡忠惠公文集》传世。世人评他的书法是行书第一、小楷第二、草书第三，与苏轼、黄庭坚、米芾并称"宋四家"。在茶史上，蔡襄贡献巨大，主要有二：一是撰写了一部《茶录》；二是创制了"小龙凤团茶"，时人谓之"始于丁谓，成于蔡襄"。约在庆历年间，蔡襄任福建转运使时，开始将大团改造成小团，一斤有二十饼，名曰"上品龙茶"。宋人王辟之在《渑水燕谈录》说："一斤二十饼，可谓上品龙茶。仁宗尤所珍惜。"通过制作龙凤团茶，蔡襄练就了一手辨茶品种、优劣和味道的本领，《墨客挥犀》有专门详细记载，时人对此佩服得溢于言表。

　　蔡襄善于辨茶，还喜欢与人斗茶。他曾与苏舜元斗茶，用上等精茶和天下第二泉惠山泉水；苏舜元用的茶劣于蔡襄，水是竹沥水；没想到结果却是蔡襄输了比赛。在茶事上，也留下了精彩的趣闻。据说欧阳修曾请他把《集古录目录》镌成石刻，报酬是小龙凤团茶和惠山泉水，他也欣然答应，并打趣道："太清而不俗。"

蔡君谟善别茶，后人莫及。建安能仁院有茶①，生石缝间，寺僧采造得茶八饼，号石岩白。以四饼遗君谟，以四饼密遣人走京师，遗王内翰禹玉②。岁余，君谟被召还阙③，访禹玉。禹玉命子弟于茶笥中选取茶之精品者碾待君谟。君谟捧瓯未尝，辄曰："此茶极似能仁石岩白，公何从得之？"禹玉未信，索茶贴验之，乃服。王荆公为小学士时，尝访君谟，君谟闻公至，喜甚，自取绝品茶，亲涤器烹点以待公，冀公称赏。公于夹袋中取消风散一撮，投茶瓯中并食之。君谟失色，公徐曰："大好茶味。"君谟大笑，且叹公之真率也。

议茶者，莫敢对公发言，建茶所以名重天下，由公也。后公制小团，其品尤精于大团。一日，福唐蔡叶丞秘校召公，啜小团，坐久，复有一客至，公啜而味之曰："非独小团，必有大团杂之。"丞惊呼童，童曰："本碾二人茶，继有一客至，造不及，乃以大团兼之。"丞神服公之明审。（《墨客挥犀》）

【注释】

①能仁：梵语的意译，即释迦牟尼。

②内翰：唐宋称翰林为内翰，清代称内阁中书为内翰。

③还阙：回京；回朝。

清照角茶[①]

  李清照，号易安居士，齐州章丘（今山东章丘）人。宋代女词人，婉约词派代表，有"千古第一才女""词国皇后"之称。曾"词压江南，文盖塞北"。李清照出生于书香门第，早期生活优裕，其父李格非藏书甚富，她小时候就在良好的家庭环境中打下文学基础。出嫁后与夫赵明诚共同致力于书画金石的收集整理。金兵入据中原时，流寓南方，境遇孤苦。所作词，前期多写其悠闲生活；后期多悲叹身世，情调感伤。论词强调协律，崇尚典雅，提出词"别是一家"之说，反对以作诗文之法作词。

  李清照与赵明诚结为夫妻后，两人感情甚笃，相敬如宾，常以诗、书、画、茶等为伴。赵明诚死后，留下一部《金石录》，李清照为夫撰写"后序"，其中有部分内容回忆丈夫生前及两人以茶助兴共同学习的美好往事，特别是以茶比赛的游戏之辞，描写得十分传神。

每获一书，即同共勘校^②，整集签题^③。得书、画、彝、鼎，亦摩玩舒卷^④，指摘疵病^⑤，夜尽一烛为率^⑥。故能纸札精致，字画完整，冠诸收书家。余性偶强记，每饭罢，坐归来堂烹茶，指堆积书史，言某事在某书、某卷、第几页、第几行，以中否角胜负，为饮茶先后。中即举杯大笑，至茶倾覆怀中，反不得饮而起。甘心老是乡矣^⑦。故虽处忧患困穷，而志不屈。（《金石录后序》）

【注释】

①角茶：用茶比试、竞争。

②勘校：特指对比书籍的不同版本和有关资料，审定原文的正误、真伪等。

③签题：书籍封面的标题。

④摩玩：玩摸欣赏。

⑤疵病：缺点，毛病。

⑥率：（按某种标准）计算。

⑦乡：同"向"，偏爱。

朱元璋斩婿

　　明太祖朱元璋，濠州钟离（今安徽凤阳东北）人，幼名重八。草根出身，儿时放牛，后出家当和尚，还行过乞，最后成为明朝开国皇帝。据史书记载，朱元璋极其节俭，在历代皇帝中也堪称登峰造极，即使当了皇帝，在应天修建宫室，只求坚固耐用，不求奇巧华丽。每天早饭也是"只用蔬菜，外加一道豆腐"。

　　朱元璋对茶叶和茶事的发展亦贡献良多，他认为茶农们投入大量的时间和精力来制作饼茶、团茶，而达官贵人们花费大量的金钱来"斗茶"玩乐，这是对资源的一种挥霍。于是在公元1391年，朱元璋下旨"罢造龙团，惟采芽茶以进"，让当时的"斗茶"之风一扫而去。贡茶改革很快在各地实施，并由此带动了社会风气向平实朴素转变。于是，国内的各种茶叶都跟着改头换面了。

　　初，太祖令商人于产茶地买茶，纳钱请引①。引茶百斤，输钱二百，不及引曰畸零②，别置由帖给之。无由、引及茶引相离者，人得告捕。置茶局批验所，称较茶引不相当，即为私茶。凡犯私茶者，与私盐同罪。私茶出境，与关隘不讥者，并论死。后又定茶引一道，输钱千，照茶百斤；茶由一道，输钱六百，照茶六十斤。既，又令纳钞，每引由一道，纳钞一贯。

洪武初，定令：凡卖茶之地，令宣课司三十取一③。四年，户部言："陕西汉中、金州、石泉、汉阴、平利、西乡诸县，茶园四十五顷，茶八十六万馀株。四川巴茶三百十五户，茶二百三十八万馀株。宜定令每十株官取其一。无主茶园，令军士薅采，十取其八，以易番马。"从之。于是诸产茶地设茶课司，定税额，陕西二万六千斤有奇，四川一百万斤。设茶马司于秦、洮、河、雅诸州，自碉门、黎、雅抵朵甘、乌思藏，行茶之地五千余里。山后归德诸州，西方诸部落，无不以马售者。

碉门、永宁、筠、连所产茶，名曰剪刀粗叶，惟西番用之，而商贩未尝出境。四川茶盐都转运使言："宜别立茶局，征其税，易红缨、毡衫、米、布、椒、蜡以资国用。而居民所收之茶，依江南给引贩卖法，公私两便。"于是永宁、成都、筠、连皆设茶局矣。

川人故以茶易毛布、毛缨诸物以偿茶课。自定课额，立仓收贮，专用以市马，民不敢私采，课额每亏，民多赔纳④。四川布政司以为言，乃听民采摘，与番易货。又诏天全六番司民，免其徭役，专令蒸乌茶易马。

初制，长河西等番商以马入雅州易茶，由四川严州卫入黎州始达。茶马司定价，马一匹，茶千八百斤，于碉门茶课司给之。番商往复迂远，而给茶太多。严州卫以为言，请置茶马司于严州，而改贮碉门茶于其地，且验马高下以为茶数。诏茶马司仍旧，而定上马一匹，给茶百二十斤，中七十斤，驹五十斤。

三十年改设秦州茶马司于西宁，敕右军都督曰："近者私茶出境，互市者少，马日贵而茶日贱，启番人玩侮之心⑤。檄秦、蜀二府，发都司官军于松潘、碉门、黎、雅、河州、临洮及入西番关口外，巡禁私茶之出境者。"又遣驸马都尉谢达谕蜀王椿曰："国家榷茶，本资易马。边吏失讥，私贩出境，惟易红缨杂物。使番人坐收其利，而马入中国者少，岂所以制戎狄哉！尔其谕布政司、都司，严为防禁，毋致失利。"

当是时，帝绸缪边防⑥，用茶易马，固番人心，且以强中国。尝谓户部尚书郁新："用陕西汉中茶三百万斤，可得马三万匹，四川松、茂茶如之。贩鬻之禁⑦，不可不严。"以故遣金都御史邓文铿等察川、陕私茶；驸马都尉欧阳伦以私茶坐死。又制金牌信符，命曹国公李景隆赍入番，与诸番要约，篆文上曰"皇帝圣旨"，左曰"合当差发"，右曰"不信者斩"。(《明史·食货志》)

【注释】

①请引：旧时盐商要在某地经营盐业，必须缴纳某地的引（规定的单位重量）税方可请领营业执照，谓之"请引"。

②畸零：整除之外剩余的数目。

③宣课司：明初在京设置的税务机关，宣课司主要负责征

收商贾、侩屠、市场杂税。

④赔纳：赔偿缴纳亏损。

⑤玩侮：犹"玩忽"。

⑥绸缪：事前做好准备工作。

⑦贩鬻（yù）：贩卖。

纪昀茶谜救亲家

纪昀，字晓岚，一字春帆，直隶献县（今河北）人，乾隆进士，官至礼部尚书、协办大学士，清代著名学者和文学家。清乾隆间辑修《四库全书》，他任总纂官，并主持写定《四库全书总目》二百卷，论述各书大旨及著作源流，辨章学术，考镜源流。由于负责纂修《四库全书》，使他经常能与乾隆皇帝交谈，这也使他具备了机敏善辩的素质，有清一代学者中，长于应变者罕有出于其上者。在纪昀身上，一个比较有趣的事例是他用一个"茶谜"机警智敏地救了亲家卢见曾的故事。

卢见曾，字澹园，又字抱孙，号雅雨，又号道悦子，德州（今属山东）人，康熙进士，他和纪昀是亲家。纪昀在京做官时，他则放外任职。其性爱才好客，喜聚四方名士，后来任两淮转运使这一"肥差"时，更是广结名流，义交豪杰，家中常是宾客盈门，花费也是一掷千金，极一时之盛。后来渐渐财力不济，以致盐税发生亏空。乾隆三十三年，两淮盐引案发。纪昀用一个"茶谜"作暗示，间接救了亲家。纪昀这一"茶谜"

的谜底：以茶指"查"，意即"茶（查）盐（盐账）空（亏空）"。卢见曾知道己东窗事发，便赶忙转移财产，终未倾家荡产。

纪文达公性机警敏给①，好滑稽，与和珅同朝，恒隐相嘲谑②，而和辄不悟。一日和乞书亭额，纪为作擘窠"竹苞"二大字③，和喜而张之。偶值高宗临幸见之，笑谕和珅曰④："此纪昀詈汝之词⑤，盖谓汝家个个草包也。"和珅闻而甚衔之⑥。未几两淮运使卢雅雨见曾以爱士故，宾至如归，多所馈贻⑦，遂至亏帑⑧。事闻，廷议拟籍没⑨。纪时为侍读学士，常直内廷，微闻其说，与卢固儿女姻亲也。私驰一介往，不作书，以茶叶少许贮空函内，外以面糊加盐封固，内外不著一字。卢得函拆视，诧曰："此盖隐'盐案亏空查抄'六字也。"亟将余财寄顿他所⑩，迨查抄所存赀财寥寥⑪。和珅遣人侦得其事白之。上召纪至，责其漏言，纪力辩实无一字。上曰："人证确凿，何庸掩饰乎⑫？朕但询尔操何术以漏言耳？"纪乃白其状，且免冠谢曰⑬："皇上严于执法，合乎天理之大公，臣倦倦私情，犹蹈人伦之陋习。"上嘉其辞得体，为一笑，从轻谪戍乌鲁木齐⑭。未几赐还，授编修⑮，晋侍读。四库全书馆开，为总纂焉。(《清朝笔记野史大观》)

【注释】

①敏给：敏捷。

②嘲谑：调笑戏谑。

③擘窠：写字、篆刻时，为求字体大小匀整，以横直界线分格，叫"擘窠"。擘，划分。窠，框格。

④谕：告诉，使人知道（一般用于上对下）。

⑤詈（lì）：骂。

⑥衔：怀恨在心里。

⑦馈贻：馈赠。

⑧亏帑（tǎng）：亏欠钱财。帑，本指藏钱财货币的府库，后引申为国有、公有的钱财。

⑨籍没：登记并没收财产入官。

⑩寄顿：寄托安顿。

⑪赀（zī）财：钱财，财物。

⑫何庸：何用，何须。

⑬免冠：脱帽，古时表示谢罪，后来表示敬意。

⑭谪戍：将有罪的人派到远方防守。

⑮编修：官名，始置于宋，主要负责文献修撰工作。

花样迭出的茶俗风情

以茶会友

　　以茶会友是传统茶礼，即用茶招待友人，或是好友间聚会品茶聊天，以交流思想、增进感情。唐宋以来，名人士大夫常以茶与朋友雅聚。有的以互赠茶叶为主题进行吟咏，有的赠送茶具或表达收到礼物的感谢之情，有的描述朋友间一起饮茶时的场景，等等。唐代著名书法家颜真卿曾在月下啜茶，写下《五言月夜啜茶联句》。宋代大诗人苏轼与好友秦观等在惠山游玩，用惠山泉水煮茶论道。明代许次纾《茶疏》倡导饮茶者为"佳客"，冯可宾《岕茶笺》以"主客不韵"作为饮茶禁忌。当代诗人柳亚子曾与毛泽东"饮茶粤海"，鲁迅常与好友上茶馆聊天谈说，周恩来、陈毅常陪外宾访茶乡、喝龙井，均为"以茶会友"的佳话。

五言月夜啜茶联句[①]

泛花邀坐客[②]，代饮引情言。（陆士修）

醒酒宜华席，留僧想独园。（张荐）

不须攀月桂，何假树庭萱③。（李崿）

御史秋风劲④，尚书北斗尊⑤。（崔万）

流华净肌骨，疏瀹涤心原⑥。（颜真卿）

不似春醪醉⑦，何辞绿菽繁⑧。（皎然）

素瓷传静夜，芳气清闲轩。（陆士修）

【注释】

①联句：古代作诗的一种方式，是指一首诗由两人或多人共同创作，每人一句或数句，联结成一篇。

②坐客：指座上的客人；谓留客入席。

③庭萱：庭中萱草。

④御史：中国古代执掌监察官员的一种泛称。先秦时期，天子、诸侯、大夫、邑宰下属皆置"史"，是负责记录的史官。约自秦朝开始，御史专门作为监察性质的官职，负责监察朝廷官吏，一直延续到清朝。

⑤尚书：中国古代政府高官的名称。魏晋以后，事实上即为宰相之任。

⑥疏瀹（yuè）：洗涤。

⑦春醪：春酒。

⑧绿菽：借指茶。

凡鸾俦鹤侣①，骚人羽客②，皆能去绝尘境，栖神物外③，不伍于世流，不污于时俗，或会于泉石之间，或处于松竹之下，或对皓月清风，或坐明窗净牖④，乃与客清谈款话⑤，探虚玄而参造化，清心神而出尘表。命一童子设香案携茶炉于前，一童子出茶具，以瓢汲清泉注于瓶而炊之。然后碾茶为末，置于磨令细，以罗罗之，候将如蟹眼，量客众寡，投数纪匕于巨瓯⑥，置之竹架，童子捧献于前。主起，举瓯奉客曰："为君以泻清臆。"客起接，举瓯曰："非此不足以破孤闷。"乃复坐。饮毕。童子接瓯而退。话久情长，礼陈再三，遂出琴棋。故山谷曰："金谷看花莫谩煎"是也⑦。卢仝吃七碗⑧、老苏不禁三碗⑨，予以一瓯，足可通仙灵矣。使二老有知，亦为之大笑。其他闻之，莫不谓之迂阔⑩。（朱权《茶谱》）

【注释】

①鸾俦鹤侣：指男女情感如鸾鹤般相谐作伴。

②骚人：多愁善感的诗人，泛指忧愁失意的文人。羽客：指神仙或方士。

③栖神：凝神专一。为道家保其根本、养其元神之术。谓死后安息。指止息，安居。犹入定。

④明窗净牖：形容室内明亮、整洁。

⑤清谈：本指魏晋间一些士大夫不务实际，空谈哲理，后泛指一些不切实际的谈论。款话：恳谈。

⑥瓯：古人也将陶瓷简称为瓯。饮茶或饮酒用。形为敞口小碗式。

⑦金谷看花莫谩煎：语出王安石《寄茶与平甫》，为王安石

寄茶给弟弟王安国（字平甫）所写的一首诗。金谷：晋石崇有别墅在洛阳金谷涧中，号为金谷。本句意思是在金谷赏花时不要烹煮茶茗，表明这种方式是大煞风景之事。

⑧卢仝吃七碗：卢仝为唐代茶仙，著有《七碗茶歌》。

⑨老苏不禁三碗：语出苏轼《汲江煎茶》，意思是三碗清茶岂能满足枯肠。

⑩迂阔：思想行为不切实际事理。

七律·和柳亚子先生①

毛泽东

饮茶粤海未能忘②，索句渝州叶正黄③。

三十一年还旧国，落花时节读华章。

牢骚太盛防肠断④，风物长宜放眼量⑤。

莫道昆明池水浅⑥，观鱼胜过富春江⑦。

【注释】

①和（hè）：指唱和，和答。在传统诗歌学里，是由两首以上的诗组成，第一首是原唱，接下去的是附和。讲究步韵、依韵、用韵。柳亚子：本名慰高，号安如，改字人权，号亚庐，再改名弃疾，字稼轩，号亚子，江苏吴江黎里镇人，原籍吴江汾湖镇北厍大胜村，中国近现代政治家、民主人士、诗人。

②饮茶粤海：指柳亚子和毛泽东于1925年至1926年在广州的交往。粤海，广州。

③索句渝州：指1945年在重庆柳亚子索讨诗作，毛泽东书《沁园春·雪》以赠之。渝州，重庆。

④牢骚：1949年3月28日夜柳亚子作《感事呈毛主席一首》，也就是诗中的"华章"，称要回家乡汾湖隐居。

⑤长：通"常"。放眼：放宽眼界。

⑥昆明池：北京颐和园昆明湖。昆明湖取名于汉武帝在长安凿的昆明池。

⑦富春江：钱塘江建德市梅城镇下至萧山区闻家堰段的别称。东汉初年，严光不愿出来做官，隐居在浙江富春江边钓鱼。

宫廷茶宴的隆重奢华

茶宴，亦称"汤社""茗宴"，也就是用茶宴请、款待宾客。此风源于三国魏晋，与孙皓以茶代酒的故事有关。"茶宴"一词首见于山谦之《吴兴统记》："每岁吴兴、毗陵二郡太守采茶宴会于此。"唐时，茶宴被视为清雅风流之事。宋代茶区逐渐扩大，制茶方法、饮茶方式均有所改进，茶宴更加盛行。蔡京《太清楼忒宴记》《保和殿曲宴记》《延福宫曲宴记》都记有皇室宫廷茶宴的盛况。宋徽宗赵佶曾设宴赏赐群臣，亲手"注汤击拂"。因为茶宴非常普及，宋政府在给地方官员所发的俸禄中，曾特别给那些还没有发放公使钱的地方官们派发"茶宴钱"，钱的数目视官品之高下而定。宫廷之外，很多文人士大夫还会定期举行茶会，邀三五好友，择一清雅场所，品茗唱和。像苏轼、曾巩等就是茶会的常客，宋朝诗人也因此留下了大量关于茶会品茗的诗作。清代自乾隆朝起规定元旦后三日在重华宫设置茶宴，宴时边看戏边饮茶。寺院茶宴之会，以"径山茶宴"最有名，明清时西藏佛寺还流行"熬广茶"的活动。径山寺茶宴仪式后来经僧侣传到日本，演变成了日本茶道。当今茶宴形式和内容均种类繁多，有婚礼茶宴、满月茶宴、采新茶宴等。

东亭茶宴

鲍君徽

闲朝向晓出帘栊^①，茗宴东亭四望通^②。

远眺城池山色里，俯聆弦管水声中^③。

幽篁引沼新抽翠^④，芳槿低檐欲吐红^⑤。

坐久此中无限兴，更怜团扇起清风。

【注释】

①帘栊：窗帘和窗牖，也泛指门窗的帘子。

②茗宴：茶宴。

③俯聆：俯首而听。

④幽篁：幽深又茂密的竹林。

⑤槿：指开花时间只有一个白天的木本植物，即木槿，落叶灌木。

三月三日，上巳禊饮之日也^①，诸子议以茶酌而代焉。乃拨花砌，憩庭阴，清风遂人，日色留兴，卧指青霭，坐攀香枝，闲莺近席而未飞，红蕊拂衣而不散。乃命酌香沫^②，浮素杯，殷凝琥珀之色，不令人醉，微觉清思。虽五云仙浆③，无复加也。座右才子南阳邹子、高阳许侯，与二三子顷为尘外之赏，而曷不言诗矣。(《三月三日茶宴序》)

【注释】

①上巳(sì)：古时以三月第一个巳日为"上巳"，汉代定为节日。后来固定在农历三月初三，也是袚禊的日子，即春浴日。后又增加了临水宴宾、踏青的内容。魏晋以后，上巳节改为三月三，后代沿袭，遂成汉族水边饮宴、郊外游春的节日。禊饮：谓农历三月上巳日之宴聚。

②香沫：指茶。

③五云：五色瑞云。多作吉祥的征兆。

如罗玳宴①，展瑶席②，凝藻思，间灵液③。赐名臣，留上客，谷啭莺，宫女颦④，泛浓华，漱芳津，出恒品⑤，先众珍，君门九重，圣寿万春。此茶上达于天子也。(顾况《茶赋》)

【注释】

①玳宴：玳瑁筵。谓豪华、珍贵的宴席。

②瑶席：指珍美的酒宴。

③灵液：指美酒。

④颦：通"颦"，皱眉。

⑤恒品：常见之物。

宣和二年十月癸巳①，如宰执亲王学士曲宴于延福宫②，命近侍取茶具③，亲手注汤击拂④。少顷白乳浮盏面，如疏星淡月，顾诸臣曰："此自布茶。"饮毕，皆顿首谢。(蔡京《延福宫曲宴记》)

【注释】

①宣和二年：宋徽宗年号，即公元1120年。

②宰执：又称"宰执官"，为宰相与执政官的合称，宋代宰执具有举足轻重的地位。曲宴：不同于正式宴会，宋时内苑留臣下赐宴称为"曲宴"。它是古代宫廷赐宴的一种，其特别之处就在于无事而宴，时间、地点不固定，席上常有赏花、赋诗等活动，参加的人员主要是宗室成员、外国使臣以及近密臣僚。延福宫：北宋都城汴京（今开封）的一座宫殿，扩建于宋徽宗崇宁元年（1102年）。

③近侍：指亲近帝王的侍从之人。

④注汤击拂：宋徽宗赵佶自创，即通过用茶筅击拂茶汤，让茶汤汤花自行生成变幻莫测的物象。

乾隆中元旦后三日，王钦点大臣之能诗者①，曲宴于重华宫②，演剧赐茶，仿柏梁体③，命联句以纪其盛④。复当席御制诗二章，命诸臣和之，岁以为常。(《清朝野史大观·茶宴》)

【注释】

①能诗者：擅长作诗之人。

②重华宫：在北京旧紫禁城月华门西百子门之北，为清弘

历高宗为皇子时居第。弘历登位后，年号乾隆，每岁新正，赐内廷词臣茶宴于此。

③柏梁体：又称"柏梁台体"或"柏梁台诗"，这种诗每句七言，都押平声韵，全篇不换韵，是七言诗的先河。据说汉武帝筑柏梁台，与群臣联句赋诗，句句用韵，所以这种诗称为"柏梁体"。

④联句：古代作诗的一种方式，是指一首诗由两人或多人共同创作，每人一句或数句，联结成一篇。

清火慢品细煮茶

据考证，中国人饮茶是从鲜叶生吃咀嚼开始，后变为生叶煮饮。煮茶是一种比较原始简单的饮茶方法，因将茶叶放在锅里水煮，故称，是中国唐代以前最普遍的饮茶法。西晋郭义恭《广志》说："茶丛生，真煮饮为茗茶。"东晋郭璞注《尔雅》时云"槚，苦茶"，又说"可煮作羹饮"。唐宋时通行煮茶，一般是先把茶叶碾成碎末，制成茶团，饮用时将茶饼火烤一下再捣碎，加入葱、姜、橘子皮、薄荷、枣和盐等调料一起煎煮。还有把茶叶碾成碎末，罗细，然后冲水将茶末调成糊状喝下，因而叫作"吃茶"。这样煮出来的东西是粥状的羹，所以又称"茶粥"，中唐还保留着煮茶"吃茗粥"的习惯。唐代杨华《膳夫经手录》："茶，古不闻食之。近晋宋以降，吴人采其叶煮，是为茗粥。"唐代以后还普遍放食盐，类似蒙古族等少数民族中盛行的奶茶和藏族中盛行的酥油茶。今民间喜爱的"打油茶""擂茶"等，均为原始煮茶之遗风。

荆巴间采叶作饼[1]，叶老者，以米膏出之。欲煮敬饮，先炙令赤迹[2]，捣末，置瓷器中，以汤浇覆之，用葱、姜、桔子即拌合之。其饮醒酒，令人不眠。(《茶经》引《广雅》)

【注释】

①荆：长江中游之汉、沅、湘一带。巴：四川东部和重庆一带。

②炙令赤迹：用火烤出红色的斑痕。

第一煮水沸，而弃其沫之上，有水膜如黑云母[1]，饮之则其味不正。其第一者为隽永[2]，或留熟以贮之，以备育华救沸之用[3]。诸第一与第二、第三碗，次之第四、第五碗，外非渴甚莫之饮。凡煮水一升，酌分五碗，乘热连饮之，以重浊凝其下，精英浮其上。如冷则精英随气而竭，饮啜不消亦然矣。(《茶经·五之煮》)

【注释】

①黑云母：云母类矿物中的一种，为硅酸盐矿物。主要产于变质岩中，在花岗岩等其他一些岩石中也有。其颜色从黑到褐、红色或绿色都有。

②隽永：意味深长。

③育华救沸：唐人煮茶讲究三沸：一沸后加入茶直接煮；二沸时出现泡沫，舀出盛在熟盂之中；三沸将盂中之熟水再入釜中，称之谓"育华""救沸"。

饮有粗茶、散茶、末茶、饼茶者，乃斫①，乃熬，乃炀②，乃舂③，贮于瓶缶之中④，以汤沃焉，谓之荼。或用葱、姜、枣、桔皮、茱萸、薄荷之等，煮之百沸，或扬令滑⑤，或煮去沫，斯沟渠间弃水耳，而习俗不已。(《茶经·六之饮》)

【注释】

①斫：用刀、斧等切开。

②炀（yáng）：用火烤。

③舂：捣碎。

④缶：古代一种大肚子、小口的瓦器。

⑤滑：光溜，不粗涩。

茶出银生城界诸山①，散收无采造法。蒙舍蛮以椒姜桂和烹而饮之②。(《蛮书》)

【注释】

①银生城：唐时设银生府，南诏国重镇，为六节度之一，即今云南景东。

②蒙舍：唐时南诏地名，南诏王室的发祥地，在今云南巍山彝族回族自治县，至今境内仍存不少南诏遗迹。城东南 20 里的巍宝山，相传是南诏第一世王细奴逻耕牧之地。城西北 35 里的宇图山，其上有宇图城，为细奴逻称王时所建，断垣遗址，至今仍隐约可见。

吃茗粥作①

储光羲

当昼暑气盛，鸟雀静不飞。

念君高梧阴②，复解山中衣③。

数片远云度④，曾不避炎晖⑤。

淹留膳茗粥⑥，共我饭蕨薇⑦。

敝庐既不远⑧，日暮徐徐归。

【注释】

①茗粥：一种用茶粉煮的粥，亦称"茶粥"。

②高梧阴：高大的梧桐树的树荫，有赞美友人"凤栖于梧"之意。

③"复解"句：是说虽然在山上，仍然很热，因此还要脱一些衣服。

④远云度：虽然远处有几片云在移动。

⑤炎晖：炎热的日光。

⑥淹留：长久逗留之意。

⑦共我：和我一起。蕨薇：蕨类植物，嫩叶可食用。

⑧敝庐：破旧的房屋，自谦之词，这里指作者自己家。

竹炉咕咕话煎茶

　　通常所谓的"煎茶"，是指陆羽《茶经》中所记载的习茶方式，为了区别于汉魏六朝的煮茶法，故名"煎茶"。煎茶法是从煮茶法演化而来，是直接从末茶的煮饮法改进而来的。在末茶煮饮情况下，茶叶中的内含物在沸水中容易析出，故不需较长时间的煮熬。茶叶经长时间的煮熬，其汤色、滋味、香气都会受到影响而不佳。正因如此，对末茶煮饮加以改进，在水二沸时下茶末，三沸时便煎成，这样煎煮时间较短，煎出来的茶汤色香味俱佳，于是形成了陆羽式的煎茶。煎茶与煮茶的主要区别有二：其一，煎茶法入汤之茶是末茶，而煮茶用散、末茶皆可；其二，煎茶法于汤二沸时投茶，三沸则止，时间很短。而煮茶法茶入冷、热水皆可，需经较长时间的煮熬。

　　煎茶法通常用饼茶，主要程序有备茶、备水、生火煮水、调盐、投茶、育华、分茶、饮茶、洁器等九个步骤。煎茶法一出现就受到士大夫阶层、文人雅士和品茗爱好者的喜爱，特别是到了唐朝中后期，逐渐成熟并且流行起来。煎茶之道可以说是中国茶道形式的雏形，兴盛于唐朝、五代和两宋，历时约 500 年。

睡后茶兴忆杨同州

白居易

昨晚饮太多，嵬峨连宵醉[①]。

今朝餐又饱，烂漫移醉睡。

睡足摩挲眼[②]，眼前无一事。

信脚绕池行[③]，偶然得幽致。

婆娑绿阴树[④]，斑驳青苔地。

此处置绳床，傍边洗茶器。

白瓷瓯甚洁[⑤]，红炉炭方炽。

沫下麹尘香[⑥]，花浮鱼眼沸[⑦]。

盛来有佳色，咽罢馀芳气。

不见杨慕巢[⑧]，谁人知此味。

【注释】

①嵬峨：醉酒的样子。

②摩挲：用手抚摩。

③信脚：犹信足、漫步。

④婆娑：盘旋摇曳的样子。

⑤白瓷：釉料中没有或只有极微量的呈色剂，生坯挂釉，

入窑经过高温火焰烧成的素白瓷器。白瓷最早创烧于东汉之前，唐代有著名的过渡性灰白瓷邢窑，发展到北宋早期的白瓷定窑、汝窑，元代白瓷是白中含青，白瓷出现倒退现象，明代又恢复白瓷的本相。

⑥麴（qū）尘：指茶。

⑦鱼眼沸：指水烧开时冒出的状如鱼眼大小的气泡。旧时常据以说明水沸滚的程度。

⑧杨慕巢：指杨同州。

试院煎茶①

苏 轼

蟹眼已过鱼眼生，飕飕欲作松风鸣②。

蒙茸出磨细珠落③，眩转绕瓯飞雪轻④。

银瓶泻汤夸第二⑤，未识古人煎水意。

君不见，昔时李生好客手自煎⑥，贵从活火发新泉⑦。

又不见，今时潞公煎茶学西蜀⑧，定州花瓷琢红玉⑨。

我今贫病长苦饥⑩，分无玉碗捧蛾眉⑪。

且学公家作茗饮⑫，砖炉石铫行相随⑬。

不用撑肠拄腹文字五千卷，但愿一瓯常及睡足日高时⑭。

【注释】

①试院：考试的场所。

②飕飕：风吹松林的声音，形容水沸声。

③"蒙茸"句：磨茶时茶叶的粉末、白毫纷纷落下。

④"眩转"句：倒在碗里的茶汤旋转着，上面漂着白色的汤花。

⑤银瓶：银制煎水汤瓶，点茶的用具。

⑥李生：指李约。温庭筠《采茶录》说："李约性能辨茶，常曰：'茶须缓火炙，活火煎。'"

⑦新泉：新鲜的泉水。

⑧潞公：即文彦博，字宽夫，号伊叟，汾州介休（今山西介休市）人。北宋大臣，封潞国公。西蜀：泛指四川。

⑨定州：今河北定州市。宋时定州窑烧的瓷器，异常珍贵。琢红玉，一说将红色的茶水比作红玉，映出定州花瓷的纹理。

⑩苦饥：饥饿磨难。

⑪分无：即无缘。玉碗捧蛾眉：即"蛾眉捧玉碗"。蛾眉，借指美女。意为美女奉茶。

⑫公家：指官长。

⑬砖炉：烧炭火的炉子。石铫：一种有柄、有嘴的煮水器。

⑭"撑肠拄腹"两句：腹中饱满，比喻纳受得多。文字五千卷：借用卢仝的诗句："三碗搜枯肠，唯有文字五千卷。"不须有满腹的学问，只要有一瓯好茶，能吃饱睡足就好了。

和子瞻煎茶①

苏　辙

年来病懒百不堪②，未废饮食求芳甘③。

煎茶旧法出西蜀，水声火候犹能谙④。

相传煎茶只煎水，茶性仍存偏有味。

君不见闽中茶品天下高⑤，倾身事茶不知劳⑥。

又不见北方俚人茗饮无不有⑦，盐酪椒姜夸满口⑧。

我今倦游思故乡⑨，不学南方与北方。

铜铛得火蚯蚓叫，匙脚旋转秋萤光。

何时茅檐归去炙背读文字，遣儿折取枯竹女煎汤⑩。

【注释】

①子瞻：苏轼，字子瞻，又字和仲，号铁冠道人、东坡居士，世称苏东坡、苏仙。

②百不堪：要怎么完成一百件事情哪。

③芳甘：芬芳的香气和甘甜的味道。

④谙（ān）：熟悉，精通。

⑤闽：中国福建省的别称。

⑥倾身：身体向前倾。多形容对人谦卑恭顺。

⑦俚人：隋唐后北方人对岭南一带族群的称谓。隋唐文献称"俚人"。后来，俚人先民吸收中原文化融合本土海洋文化，汇成了独树一格的岭南文化。

⑧酪椒：乳酪和花椒。

⑨倦游：游兴已尽。

⑩煎汤：用水加热煎汤。

　　夫一草一木，罔不得山川之气而生也①，唯茶之得气最精，故能兼色、香、味之美焉。是茶有色、香、味之美，而茶之生气全矣。然所以保其气而勿失者，岂茶所能自主哉。盖采之，采之而后有以藏之。如获稻然，有秋收者，必有冬藏。藏之先，期其干脆也。利用焙藏之，须有以蓄贮也。利用器藏而不善，湿气郁而色枯；冷气侵而香败；原泄气而味变②；气之失也，岂得咎茶之不美乎③？然藏之于平时，以需用之于一时。而用之法，在于煎；张志和所谓"竹里煎茶"④，亦雅人之深致地。磁碗以盛之，竹笼以漉之⑤，明水以调之，文火以沸之；其色清且碧，其香幽且烈，其味醇且和；可以清诗思，可以涤烦渴，斯得其茶之美者矣。是在煎之善。至若水，则别山泉、江泉；火，则详九沸、九变；器，则取其洁而不取其贵；汤，则用其新而不用其陈。是以水之气助茶之气，以火之气发茶之气，以器之洁不至污其气，以汤之新不至败其气。气得而色、香、味之美全矣。吾故曰："人之气配义与道，茶之气配水与火；水火济而茶之能事尽矣，茶之妙诀得矣。"友人以《煎茶诀》索序，予为详叙之如斯。（明治本《煎茶诀》）

【注释】

①罔：表示揣测或反问，相当于"得无""莫非"。

②洩（xiè）：同"泄"，漏；泄漏。

③咎：过失，怪罪，处分等。

④张志和：字子同，初名龟龄，号玄真子，祖籍婺州金华（今浙江金华），唐代诗人。

⑤漉：液体慢慢地渗下，滤过。

水墨丹青数分茶

　　分茶是宋代流行的一种"茶道"，属于烹茶待客之礼。许政扬在《宋元小说戏曲语释》"分茶"条中说："分茶"就是烹茶、煎茶。煎茶用姜、盐，不用则称分茶。分茶又称茶百戏、汤戏或茶戏，在帝王、士大夫、庶民中颇为流行。北宋初陶谷在《荈茗录》中说到一种叫"茶百戏"的游艺："茶至唐始盛，近世有下汤运匕，别施妙诀，使汤纹水脉成物象者。禽兽虫鱼花草之属，纤巧如画，但须臾即就散灭。此茶之变也，时人谓茶百戏。"陶谷所述"茶百戏"便是"分茶"，"碾茶为末，注之以汤，以筅击拂"，此时，盏面上的汤纹水脉会幻变出各种图案，如山水云雾，似花鸟虫鱼，恰如一幅幅水墨图画，故也有"水丹青"之称。

　　但由于茶类改制，宋代龙凤团饼被炒青散茶替代，因而茶的饮用方法也随之改变，沏茶用的点茶法被直接用沸水冲泡茶叶的泡茶法所替代。由于分茶要使茶汤汤花在瞬间显示出瑰丽多变的景象，需要较高的沏茶技艺：一是用"搅"创造出汤花形象；一是直接用

"点"使汤面形成汤花。宋代的沏茶时尚是用"点"茶法，点茶其实就是注茶，即用单手提执壶，使沸水由上而下，直接将沸水注入盛有茶末的茶盏内，使其形成变化无穷的物象。在这种情况，宋代时兴的分茶游戏，也就逐渐销声匿迹了。

与周绍祖分茶

陈与义

竹影满幽窗，欲出腰髀懒。

何以同岁暮，共此晴云枕①。

摩挲蛰雷腹②，自笑计常短。

异时分忧虞③，小杓勿辞满④。

【注释】

①晴云：指点茶时盏面浮起的乳花。

②摩挲：也作"摩娑""摩莎"，用手抚摩。

③忧虞：忧虑。

④杓：同"勺"。

澹庵坐上观显上人分茶①

杨万里

分茶何似煎茶好，煎茶不似分茶巧。

蒸水老禅弄泉水，隆兴元春新玉爪②。

二者相遭兔瓯面③，怪怪奇奇真善幻。

纷如擘絮行太空④，影落寒江能万变。

银瓶首下仍尻高⑤，注汤作字势嫖姚⑥。

不须更师屋漏法，只问此瓶当响答。

紫微仙人乌角巾⑦，唤我起看清风生。

京尘满袖思一洗，病眼生花得再明。

叹鼎难调要公理，策动茗碗非公事。

不如回施与寒儒，归续茶经傅衲子⑧。

【注释】

①上人：指持戒严格并精于佛学的僧侣。

②玉爪：茶的美称。因茶泡开如鸟爪，故称。

③兔瓯：即兔毫盏，宋代福建建阳窑烧制的黑釉茶盏（建盏）中的窑变类名贵品种，以漆黑发亮的乌金釉和变幻莫测的兔毫釉为主，尤以兔毫釉更具盛名。

④擘絮：破开的片片白絮。

⑤首下仍尻高：倒茶时壶嘴头朝下，壶尾翘起，像跪拜磕头的样子。

⑥嫖姚：劲疾貌。

⑦乌角巾：古代葛制黑色有折角的头巾，常为隐士所戴。

⑧衲子：指出家人。

南宋·刘松年　《撵茶图》

五代·南唐 顾闳中 《韩熙载夜宴图》(局部)

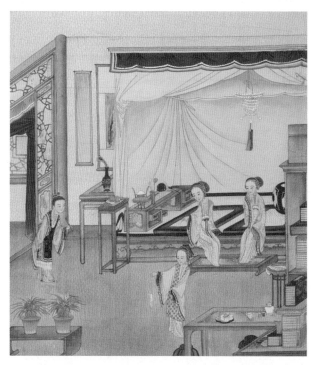

红楼梦 《栊翠庵品茶赋》

明·陈洪绶 《品茶图轴》

一决高下是斗茶

斗茶，也称茗战、斗茗，即评比茶叶优劣好坏，蔡襄《茶录》称之为试茶。宋代是极其讲究茶道之时代，上自皇帝，下至士大夫，无不热衷于此。例如宋徽宗赵佶《大观茶论》序中说："天下之士，励志清白，竞为闲暇修索之玩，莫不碎玉锵金，啜英咀华。较箧笥之精，争鉴裁之别。"皇帝亲自参与到与群臣斗茶的行列当中，把大家斗败了心里才痛快。民间斗茶也较为兴盛，范仲淹在《斗茶歌》中描绘了民间斗茶品茗的情景："北苑将期献天子，林下雄豪先斗美。"

斗茶一般在每年清明时节，此时茶叶新出，最适合参斗。斗茶一般在规模较大的茶叶店举行，或五六人，或十几人，抑或是多人共斗，或两人捉对进行，三局两胜。参与者大多是一些名流雅士，也有商铺老板，或者街坊邻居，好不热闹。唐庚《斗茶记》记载："政和二年（1112年）三月壬戌，二三君子相与斗茶于寄傲斋。予为取龙塘水烹之，而第其品。以某为上，某次之。"宋人斗茶，不同于唐代的煎煮法，而是将珍藏的上好茶饼研成粉末，饮用时将茶水带茶粉一起喝下，轮流品尝，决出名次，以判高下。

和章岷从事斗茶歌①

范仲淹

年年春自东南来，建溪先暖冰微开。

溪边奇茗冠天下，武夷仙人从古栽。

新雷昨夜发何处，家家嬉笑穿云去②。

露芽错落一番荣③，缀玉含珠散嘉树④。

终朝采掇未盈襜⑤，唯求精粹不敢贪。

研膏焙乳有雅制⑥，方中圭兮圆中蟾⑦。

北苑将期献天子⑧，林下雄豪先斗美⑨。

鼎磨云外首山铜⑩，瓶携江上中泠水⑪。

黄金碾畔绿尘飞⑫，碧玉瓯中翠涛起⑬。

斗茶味兮轻醍醐⑭，斗茶香兮薄兰芷。

其间品第胡能欺，十目视而十手指⑮。

胜若登仙不可攀⑯，输同降将无穷耻⑰。

吁嗟天产石上英⑱，论功不愧阶前蓂⑲。

众人之浊我可清，千日之醉我可醒。

屈原试与招魂魄⑳，刘伶却得闻雷霆㉑。

卢仝敢不歌㉒，陆羽须作经㉓。

森然万象中，焉知无茶星㉔。

商山丈人休茹芝㉕，首阳先生休采薇㉖。

长安酒价减百万㉗，成都药市无光辉㉘。

不如仙山一啜好，泠然便欲乘风飞。

君莫羡花间女郎只斗草，赢得珠玑满斗归㉙。

【注释】

①章岷：宋代蒲城人，天圣五年进士，官终光禄卿。

②穿云：伴着云雾上山采茶。

③露芽：带露茶芽。

④嘉树：指茶树。《茶经》一之源说："茶者，南方之嘉木也。"

⑤盈襜：还没有装满，采得不多。

⑥研膏焙乳：即把茶叶如何研磨成粉状，怎样调制成茶汤，都有一定的制式。

⑦方中圭：方形茶用圭（一种量取茶粉的容器）分。圆中蟾：茶匙在碗中搅动茶面如蟾状。

⑧北苑：龙凤贡茶产地，在福建建安。

⑨雄豪：茶农或地方官。

⑩首山铜：天下名山之一，据传黄帝在此铸鼎炼丹。

⑪中泠水：即中泠泉，天下第一泉。

⑫绿尘：绿色粉末状茶叶。

⑬翠涛：绿色茶汤。

⑭醍醐：牛奶提炼出的一种极好的酥酪。意为茶味胜过

醍醐。

⑮十目视而十手指：指斗茶时大家都在手指、目盯着。

⑯胜若登仙：斗茶胜则如同成仙。

⑰输同降将：斗茶输则如同投降的将军。

⑱石上英：产于山石之上的好茶。

⑲冥：一种瑞草。

⑳"屈原"句：指茶可用来招屈原的魂。

㉑刘伶：西晋人，嗜酒。此句谓刘伶对茶则发雷霆之怒。

㉒卢仝：唐代诗人，"初唐四杰"卢照邻之孙，不愿仕进，被称为"茶仙"。

㉓陆羽：唐代诗人，作《茶经》，被称为"茶圣"。

㉔茶星：茶界名人。

㉕商山丈人：秦末，东园公、角里先生、绮里季、夏黄公四人，隐于商山，年皆八十余岁，号称"商山四皓"。茹：吃。此句谓商山丈人不要吃紫芝应该吃茶。

㉖首阳先生：伯夷、叔齐隐于首阳，反对周武王伐纣，不食周粟而死。此句谓伯夷、叔齐不要采薇而食应吃茶。

㉗"长安"句：谓茶使长安酒价减低。

㉘"成都"句：谓茶使成都药市凋敝。

㉙"君莫美"二句：谓茶事高尚，不要美慕花间女郎斗草以赢得珠玑。

政和二年三月壬戌①，二三君子相与斗茶于寄傲斋②。予为取龙塘水烹之，而第其品。以某为上，某次之，某闽人，其所赍宜尤高③，而又次之。然大较皆精绝④。盖尝以为天下之物，有宜得而不得，不宜得而得之者。富贵有力之人，或有所不能致；而贫贱穷厄流离迁徙之中，或偶然获焉。所谓尺有所短，寸有所长，良不虚也。唐相李卫公⑤，好饮惠山泉，置驿传送，不远数千里，而近世欧阳少师作《龙茶录序》⑥，称嘉祐七年，亲享明堂⑦，致斋之夕，始以小团分赐二府，人给一饼，不敢碾试，至今藏之。时熙宁元年也。吾闻茶不问团绔，要之贵新；水不问江井，要之贵活。千里致水，真伪固不可知，就令识真，已非活水。自嘉祐七年壬寅，至熙宁元年戊申，首尾七年，更阅三朝，而赐茶犹在，此岂复有茶也哉。今吾提瓶走龙塘，无数十步，此水宜茶，昔人以为不减清远峡。而海道趋建安，不数日可至，故每岁新茶，不过三月至矣。罪戾之余⑧，上宽不诛，得与诸公从容谈笑于此，汲泉煮茗，取一时之适，虽在田野，孰与烹数千里之泉，浇七年之赐茗也哉，此非吾君之力欤。夫耕凿食息⑨，终日蒙福而不知为之者，直愚民耳，岂吾辈谓耶，是宜有所记述，以无忘在上者之泽云。（唐庚《斗茶记》）

【注释】

①政和二年：即1112年，宋徽宗即位的第十二年。

②二三君子：犹二三子。相与：相偕、相互。寄傲斋：唐庚的书房名。

③赍（jī）宜：携来佐茶的菜肴（一说是用作调味的姜蒜葱韭等碎末）。

④大较：大略，大致。

⑤李卫公：指李德裕。他曾被拜为太尉，封卫国公。

⑥欧阳少师：指欧阳修。北宋熙宁四年（1071年）四月，65岁的欧阳修累章告老，连上三表三札子。六月，以观文殿学士、太子少师致仕，七月归颍家居，故尊称欧阳修为"少师"。

⑦享：同"飨"，指向神灵祖先进献食物。

⑧罪戾：罪恶过失。

⑨耕凿：耕田凿井，泛指耕种、务农。食息：吃饭休息。亦泛指休息。

茶色贵白。而饼茶多以珍膏油其面，故有青黄紫黑之异。善别茶者，正如相工之视人气色也①，隐然察之于内。以肉理实润者为上②，既已未之，黄白者受水昏重，青白者受水鲜明，故建安人开试，以青白胜黄白。

钞茶一钱匕③，先注汤调令极匀，又添注入，环回击拂，汤上盏可四分则止。视其面色鲜白，著盏无水痕为绝佳。建安④斗试，以水痕先者为负，耐久者为胜。故较胜负之说，曰相去一水、两水。

茶色白，宜黑盏，建安所造者绀黑⑤，纹如兔毫，其坯微厚，熁之久热难冷⑥，最为要用。出他处者，或薄或色紫，皆不及也。

其青白盏，斗试家自不用。(蔡襄《茶录》)

【注释】

　①眎(shì)：考察。

　②肉理：即肌腠，又名肉腠、分理。

　③钱匕：古代量取药末的器具。这里用来量茶。

　④建安：今福建建瓯。

　⑤绀(gàn)：稍微带红的黑色。

　⑥燌(xié)：烤。

品茶议道

　　"品茶议道"，意思是通过静心品茶去体物性、尚自然、崇幽趣、养天年，进而达到天人合一、物我玄会、明心见性、彻悟人生，这也是道教习俗。道教与茶的记载要早于佛教，魏晋之际的《神异经》讲到丹丘子获大茗成仙的故事。《太平御览》引陶弘景《名医别录》云："茗茶轻身换骨。昔丹丘子黄山君服之。"唐代女道士李冶为道教著名茶人，德宗朝为苕溪组织重要的成员，与陆羽、皎然等共同创造了唐代茶道格局。唐宋以后，道教愈加兴盛，宫观林立，设有"茶头"，以茶为礼、以茶修炼、以茶养生，品茗论道，饮茶悟道，并开辟茶园，创制名茶。唐代诗人温庭筠《西陵道士茶歌》讲到，一边饮茶一边读《黄庭经》，此为"品茶议道"之境界。明代朱权崇尚道教，自号丹丘先生、涵虚子，所撰《茶谱》中说"与客清谈款话，探虚玄而参造化，清心神而出尘表"是品茶论道最好的诠释。

长思仁·茶

马　钰

一枪茶，二枪茶，休献机心名利家①，无眠未作差。

无为茶，自然茶，天赐休心与道家，无眠功行加②。

【注释】

①机心：巧诈诡变的心。

②功行：僧道等修行的功夫。

西陵道士茶歌

温庭筠

乳窦溅溅通石脉①，绿尘愁草春江色②。

涧花入井水味香③，山月当人松影直④。

仙翁白扇霜鸟翎⑤，拂坛夜读黄庭经⑥。

疏香皓齿有余味⑦，更觉鹤心通杳冥⑧。

【注释】

①乳窦：布满石钟乳的洞穴。溅溅：水流貌。石脉：石中流动的水脉。

②绿尘：碾成粉末状的茶叶。愁草：即春草，人见春草而感怀发愁，因此称春草为愁草，但这里的愁草指茶叶。春江色：指茶叶绿如春江水色。

③涧花：生长在山涧边的花草。这句是说，花落入井中，

连井水也香了。

④当人：宜人。直：通"值"，值得欣赏。

⑤仙翁：指西陵道士。霜鸟：白鸟。翎：鸟的羽毛。这句是说仙翁的白扇用白鸟的羽毛制成。

⑥拂：拂拭。坛：道教进行宗教活动的场所。黄庭经：道教经名，全称《太上黄庭内景经》《太上黄庭外景经》，是七言歌诀，讲述修炼的道理。

⑦疏香：留存的稀微清香，指茶叶。有余味：味道持久。这句是说茶叶的香味持久地留在齿颊上。

⑧鹤心：仙心。古称鹤为"仙禽"，故鹤心犹"仙心"。杳（yǎo）冥：幽暗深远的地方。

茗 饮

元好问

宿酲来破厌觥船①，紫笋分封入晓前②。

槐火石泉寒食后③，鬓丝禅榻落花前④。

一瓯春露香能永，万里清风意已便。

邂逅华胥犹可到⑤，蓬莱未拟问群仙⑥。

【注释】

①觥船：亦作"觥舡""觵船"。容量大的饮酒器。

②紫笋：因产于浙江省长兴县而得名，唐肃宗年间成为贡茶。

③寒食：我国古代一个传统节日，一般在冬至后一百零五天，清明前两天。古人很重视这个节日，按风俗家家禁火，只吃现成食物，故名。

④禅榻：又称禅床，即坐禅时之席位。榻者，即坐台或寝台，较床为低矮细长。

⑤华胥：也称华胥氏，风姓，故里在今陕西省西安市蓝田县华胥镇。华胥是中国上古时期华胥国的女首领，她是伏羲和女娲的母亲，炎帝和黄帝的直系远祖，誉称为"人祖"，是中华文明的本源和母体，被中华民族尊奉为"始祖母"。

⑥蓬莱：神话传说中的神山。相传渤海中仙人居住的地方，诗文中借以比喻仙境。

茶之为物，可以助诗兴而云山顿色，可以伏睡魔而天地忘形①，可以倍清谈而万象惊寒②，茶之功大矣！其名有五：曰茶、曰槚、曰蔎、曰茗、曰荈。一云早取为茶，晚取为茗。食之能利大肠，去积热，化痰下气，醒睡，解酒，消食，除烦去腻，助兴爽神。得春阳之首③，占万木之魁。始于晋，兴于宋。惟陆羽得品茶之妙，著《茶经》三篇。蔡襄著《茶录》二篇。盖羽多尚奇古，制之为末。以膏为饼，至仁宗时，而立龙团、凤团、月团之名④，杂以诸香，饰以金彩，不无夺其真味。然无地生物，各遂其性，莫若茶叶，烹而啜之，以遂其自然之性也。予故取烹茶之法，末茶之具。崇新改易，自成一家。为云海餐霞服日

之士⑤，共乐斯事也。(《茶谱》)

【注释】

①睡魔：嗜睡之人怠惰昏昧，不能精进修持，无从出离生死，故称嗜睡怠业为"睡魔"。

②清谈：本指魏晋间一些士大夫不务实际，空谈哲理，后泛指一般不切实际的谈论。

③春阳：即阳春。

④月团：团茶的一种。

⑤服日：道教修养法之一。存日象于心中，光照心内，后渐上升，出喉咙至齿间，再回还胃中。习之者以为可除疾、消灾、延年。

茶马互市

　　"茶马互市"是中国西部历史上汉、藏民族之间一种传统的以茶易马或以马换茶为中心内容的贸易往来。据封演《封氏闻见记》谓："（饮茶）……始自中地，流于塞外。往年回鹘入朝，大驱名马市茶而归，亦足怪焉。"可知用茶与外邦换马，不起于宋，而始于唐。当时还流传一个故事，说唐朝要和回鹘以茶换马，却遭到对方拒绝；回鹘提出用一千匹良马换取《茶经》，唐官员遍寻此书，最后由诗人皮日休弄到一本才解了燃眉之急。这也说明，饮茶、换茶在西部已经蔚然成风，西域各部对中原茶文化的了解也迫在眉睫。

　　茶马互市在公元 5 世纪的南北朝时期已具雏形，唐代时逐渐形成了规则，宋朝时进一步完善，甚至设置了"检举茶监司"这样专门管理茶马交易的机构。明洪武四年（1371 年），户部确定以陕西、四川茶叶易番马，于是在各产茶地设置茶课司，定有课额。又特设茶马司于秦州（今甘肃天水）、洮州（今甘肃临潭）、河州（今甘肃临夏）、雅州（今四川雅安）等地，专门管理茶马贸易事宜。雍正十年（1732年），云贵总督鄂尔泰以茶马互市控制云南边疆土司以及边境诸国战马数量，最后成功平叛并顺利推行改土归流就是一个著名案例。在清代，尤其是乾隆以后，"茶马互市"作为一种重要制度逐渐从历史的地平线上淡出，取而代之出现了"边茶贸易"制度。

自万岁失职，马政颇废①，永隆中②，夏州牧马之死失者十八万四千九百九十③。二年，诏群牧岁出高品，御史按察之。开元初，国马益耗，太常少卿姜晦乃请以空名告身市马于六胡州④，率三十匹酬一游击将军。命王毛仲领内外闲厩⑤。九年又诏："天下之有马者，州县皆先以邮递军旅之役⑥，定户复缘以升之。百姓畏苦，乃多不畜马，故骑射之士减曩时⑦。自今诸州民勿限有无荫⑧，能家畜十马以上，免帖驿邮递征行⑨，定户无以马为赀⑩。"毛仲既领闲厩，马稍稍复，始二十四万，至十三年乃四十三万。其后突厥款塞⑪，玄宗厚抚之，岁许朔方军西受降城为互市，以金帛市马，于河东、朔方、陇右牧之。既杂胡种，马乃益壮。天宝后，诸军战马动以万计。王侯、将相、外戚牛驼羊马之牧布诸道，百倍于县官，皆以封邑号名为印自别；将校亦备私马。议谓秦、汉以来，唐马最盛，天子又锐志武事，遂弱西北蕃。十一载，诏二京旁五百里勿置私牧。十三载，陇右群牧都使奏：马牛驼羊总六十万五千六百，而马

三十二万五千七百。（《新唐书》卷五十）

【注释】

①马政：我国历代政府对官用马匹的牧养、训练、使用和采购等的管理制度。

②永隆：隋末唐初梁师都年号（617—628年）。

③夏州：古地名，在今陕西省靖边县红墩界镇白城子村，至元朝初废止。

④姜晦：秦州上邽（今甘肃天水）人。起家任蒲州参军，多次升迁至高陵令。开元初年，提升为御史中丞，后改任太常少卿。当时国家缺少马匹，姜晦请求下诏书在六胡州买马，共买得三十四马，委任为游击将军。

⑤闲厩：古代皇家养牲口的地方。

⑥邮递：传舍，驿站。

⑦曩（nǎng）时：往时；以前。

⑧荫：古指因父祖有功，子孙得到官爵或特权。

⑨帖驿：驿站的驿马、钱财不能满足驿传需要的情况下，驿路两旁百姓用自己的私马和钱财补贴驿站的临时需要。征行：从军出征。

⑩赀（zī）：计算。

⑪突厥：公元6世纪中叶兴起于阿尔泰山地区的一个游牧部落，也是6世纪以后中国北方、西北方操突厥语的部族名称。款塞：叩塞门而来降，指异族诚意来到边界归顺，与"寇边"

相对。

契丹虽通商南唐①，徒持虚辞，利南方茶叶珠贝而已，确系实情。北蕃好食肉，必饮茶，因茶可清肉之浓味。今蒙古人好饮茶，可为例证，不饮茶，多困于病，无怪其常以名马与汉人易茶也。唐宋者名之团茶，蕃人尤嗜之，常以重价买之，宋张舜民《画漫录》云："熙宁中苏子容使辽姚鳞为副②，曰：'盖载些小团茶乎。'子容曰：'此乃上供之物。'俦敢与北人③，未几有贵公子使辽，广贮团茶，自尔北人非团茶不纳也，非小团不贵也，彼以二团易蕃罗一匹④。"（陆游《南唐书》）

【注释】

①契丹：发源于中国东北地区，采取半农半牧生活。早期分契丹八部，唐初形成了统一的大贺氏联盟。唐太宗以后，唐置松漠都督府，赐姓李。大贺氏联盟瓦解后，契丹人又建立了遥辇氏部落联盟，依附于后突厥汗国。天宝四载（745年），后突厥为回纥所灭。此后百年间，契丹人一直为回纥所统治。

②苏子容：即苏颂，字子容，原籍福建路泉州同安县（今属厦门同安区），后徙居润州丹阳县。北宋天文学家、天文机械制造家、药物学家。姚鳞：字君瑞，五原人，宋朝名将姚兕胞弟。有威名，在关中与兄姚兕并称"二姚"。

③俦：表示疑问，相当于"谁"。

④蕃罗：辽代生产的丝织品被称为"蕃罗"，宋曾以团茶与

辽进行易货贸易，换取"蕃罗"。

国朝马政，掌于太仆①。两京畿及山东、河南，牧之于民，量免粮差，然赔补受累。山西、陕西、辽东，各设苑马寺②，养以恩队军千余人。然有名无实，政日秕矣③。其与夷市易者，洪武初，于陕西洮州、河州、西宁各设茶马司，制金牌四十一，上曰"皇帝圣旨"，左曰"合当差发"，右曰"不信者斩"。上号藏内府，下号降各番族，三年一差官赍往对验④。以茶易马，上马八十斤，中马六十斤，下马四十斤。私茶出境，犯人与把关头目俱各凌迟处死，家迁化外，货物入官。驸马都尉欧阳伦，坐贩私茶，赐死，其为厉禁可知也⑤。永乐中，遣御史三员，巡督茶马。然增给茶数至百斤，而禁亦少弛。正统十四年，停止金牌，惟令番族以马来易而已。西番之俗，以茶为命。一背中国，不得茶，则病且死。故设法王国师以统领之，官民相承，以马为科差⑥，我以茶为酬价。故哈立麻辈见礼于文皇帝⑦，时非利其术也，制西番以控北虏之良算也⑧。乃若回回市马偿直⑨，上马绢四匹、布六匹，中马绢三匹、布五匹，下马绢二匹、布四匹，驹绢一匹、布三匹。陕西庆阳、灵州、临洮、巩昌、延安盐课⑩，召商开中⑪，上马一匹盐一百引，中马八十引，下马不与，此亦可行。然不如茶马干系之大，万世不能易也。惟是牧之于民者，宜仿监苑之法⑫，择水草之地，立厩房之所⑬，顺游息之性⑭，定为牧式，教以降虏，尤必宽其追陪，以俟蕃息，民其或少纾乎⑮！

（《双槐岁钞·马政》）

【注释】

①太仆：官名。周官有太仆，掌正王之服位，出入王命，为王左驭而前驱。秦汉沿置，为九卿之一，为天子执御，掌舆马畜牧之事。北齐始称太仆寺卿、少卿。历代沿置，清废。

②苑马寺：设于永乐四年（1406年），当时有北直隶、辽东、平凉、甘肃四寺。北直隶苑马寺于永乐十八年并入太仆寺。苑马寺设卿一人，从三品；少卿一人，正四品；寺丞，正六品；主簿，从七品。

③秕（bǐ）：恶；坏。

④赍（jī）：拿东西给人，送给。

⑤厉禁：严禁；禁令。

⑥科差：官府向民户征收财物或派劳役。

⑦哈立麻：本名却贝桑波，曾先后从西藏各派佛学大师学习佛法，18岁曾奉命到西康调停当地战争成功。20岁开始，到各地传法。传法途中，在粗朴寺接到明永乐帝召他进京的诏书，从西康赶往南京。永乐五年（1407年）到达南京，受到隆重的礼遇，并受命在南京西郊的灵谷寺建普度大斋，为太祖高皇帝和太祖高皇后祝福。他深得永乐皇帝赞赏，受封为万行具足十方最胜圆觉妙智慧善普庆佑国演教如来大宝法王西天大善自在佛领天下释教，并赐命得银协巴（即如来的藏文译音），又受命到五台山为新死去的皇后祈祷、祝福。

⑧良算：善策。

⑨回回：明清时期广泛使用的术语，指回族。"回回"一词，最早见于北宋沈括的《梦溪笔谈》，指唐代以来安西（今新疆南部及葱岭以西部分地区）一带的回纥人（回鹘人）。"回回"可能是"回纥""回鹘"的音转或俗写。南宋时，回回除包括唐代的"回纥""回鹘"外，还包括葱岭以西的一些民族。偿直：偿还钱财。

⑩盐课：旧时以食盐为对象所征的税课。

⑪开中：明代政府鼓励商人输送米粮等至边塞而给予食盐运销权的制度。洪武三年（1370年），初行于山西大同，后普及全国，弘治五年（1492年）废。

⑫监苑：明成祖永乐四年（1406）在陕西、甘肃苑马寺下设立的管理马政，专司牧马的管理机构。

⑬厩庑（yǎ）：指马棚。

⑭游息：犹行止。游玩与休憩。

⑮纾：使宽裕；宽舒。

唇齿留香话品茗

茶具精致好把玩

　　所谓茶具，指与品茶有关的专门器具。人类刚开始喝茶时，使用的是日常饮食器具。而当茶进入鼎盛期时，才有茶杯、茶碗、茶壶等专门茶具。我国茶具历史久远，与陶瓷业的发展密不可分。最早的茶具陶瓷可追溯至新石器时代的夹炭黑陶。春秋时茶叶与蔬菜相同，后来逐渐出现煮茶、贮茶器皿。秦汉时，已经有专用器皿，王褒《僮约》载"烹茶尽具"的"具"就是茶具，晋代称为茶器。唐代把烧茶和泡茶的器皿称为茶具，宋以后二者合一，泛称茶具。

　　据陆羽《茶经》记述，当时煮茶、贮茶、饮茶之器具多达25种，例如风炉、镀、交床、罗、碾、瓢、碗、盂、巾等，可见唐代茶具之繁杂与考究。宋代龙凤团饼风靡，一般是将茶饼碾碎、过滤，然后注水烹煮。《茶具图赞》记述了木茶桶、石磨、茶碗、陶杯、棕帚等茶具。当时有一种紫砂茶具颇受文人喜爱，欧阳修、苏轼都写诗专门吟咏。宋代的陶瓷艺术发达，五大窑盛产各类茶具，为茶道与茶具发展提供了便利。明清以后，流行撮泡，茶具是以"陶瓷为上，黄金为次"，茶碗和茶壶讲究颇多，所绘图案更是争奇斗艳，加速了茶具业的兴盛。

现代茶具以瓷器、玻璃为多，陶器次之，搪瓷又次之。在诸多茶具中，紫砂壶较为流行，造型典雅、色泽朴素；玻璃杯适合泡各色名茶，营造出一片青云流转、上下沉浮的雅静之趣；搪瓷茶具则经久耐用，一般适合工厂、车间使用。

茶 灶

古无此制，予于林下置之。烧成的瓦器如灶样，下层高尺五为灶台，上层高九寸，长尺五，宽一尺，傍刊以诗词咏茶之语。前开二火门，灶面开二穴以置瓶。顽石置前，便炊者之坐。予得一翁，年八十犹童，疾憨奇古，不知其姓名，亦不知何许人也。衣以鹤氅①，系以麻绦②，履以草履，背驼而颈蜷，有双髻于顶。其形类一"菊"字，遂以菊翁名之。每令炊灶以供茶，其清致倍宜。（朱权《茶谱》）

【注释】

①鹤氅（chǎng）：鸟羽制成的裘，泛指外套。

②麻绦：用麻线编成的带子或绳子。

茶镬（釜）

镬以生铁为之①，今人有业冶者所谓急铁。其铁以耕刀之趄炼而铸之②，内摸土而外摸沙。土滑于内，易其摩涤③；沙涩于外，吸其炎焰。方其耳，以正令也；广其缘，以务远也；长其脐，以守中也。脐长则沸中，沸中则末易扬，末易扬则其味淳也。洪州以瓷为之，莱州以石为之，瓷与石皆雅器也，性非坚实，难可持久。用银为之，至洁，但涉于侈丽④。雅则雅矣，洁亦洁矣，若用之恒而卒归于银也。（《茶经·四之器》）

【注释】

①镬：同"釜"，即锅。

②趄（jū）：用力行进。

③摩涤：磨洗。

④侈丽：奢侈华美。

茶 碾

碾以桔木为之，次以梨、桑、桐柘为臼，内圆而外方。内圆备于运行也，外方制其倾危也①。内容堕而外无余木②，堕形如车轮，不辐而轴焉，长九寸，阔一寸七分，堕径三寸八分，中厚一寸，边厚半寸，轴中方而执圆，其拂末以鸟羽制之。（《茶经·四之器》）

①倾危：翻倒。

②堕：碾碎。

碾以银为上，熟铁次之，生铁者非掏拣捶磨所成，间有黑屑藏于隙穴，害茶之色尤甚，凡碾为制，槽欲深而峻，轮欲锐而薄。槽深而峻，则底有准而茶常聚①；轮锐而薄，则运边中而槽不戛②。罗欲细而面紧，则绢不泥而常透。碾必力而速，不欲久，恐铁之害色。罗必轻而平，不厌数，庶已细青不耗。惟再罗则入汤轻泛，粥面光凝③，尽茶之色。(《大观茶论》)

【注释】

①底有准而茶常聚：指碾槽底是平直的，槽身峻深，槽底平直，茶叶容易聚集在槽底，碾出的茶末大小均匀。准，平直。

②戛(jiá)：敲击。

③粥面：古人煎茶时称汤光茶多，茶叶浮在表面，如熬出的粥面一样泛出光泽，叫"粥面聚"。

茶碾以银或铁为之。黄金性柔，铜及鍮石皆能生鉎①，不入用②。(蔡襄《茶录》)

【注释】

①鍮石：指天然的黄铜矿或自然铜。鉎(shēng)：铁锈。

②入用：可用。

茶　磨

磨以青礞石为之①，取其化痰去热故也。其他石则无益于茶。
（朱权《茶谱》）

【注释】

①青礞石：矿物名，可入药，有祛痰、消食、镇静等作用。

南安军上犹县北七十里石门保小逻村出坚石①，堪作茶磨，
其佳者号掌中金。小逻之东南三十里，地名童子保大塘村，其
石亦可用，盖其次也。其小逻村所出，亦有美恶，须石在水中，
色如角者为上。其磨茶，四周皆匀如雪片，齿虽久更开断，去
虔州百余里②，价直五千，足亦颇艰得。世多称末阳为上，或谓
不若上犹之坚小而快也。（庄季裕《鸡肋编》）

【注释】

①南安军：治所在今江西大庾。

②虔州：即今之江西赣州。赣州，简称"虔"，别称虔城、
赣州。

茶　瓢

瓢，一曰牺杓①，剖瓠为之②，或刊木为之③。晋舍人杜毓
《荈赋》云："酌之以匏。"匏，瓢也，口阔、胫薄、柄短。永嘉中，
余姚人虞洪入瀑布山采茗，遇一道士云："吾丹丘子，祈子他日

瓯牺之余乞相遗也^④。"牺，木杓也，今常用以梨木为之。(《茶经·四之器》)

【注释】

①牺杓（sháo）：瓢的别称。

②瓠（hù）：也叫瓠子。一年生攀缘草本植物。葫芦的变种。茎蔓生，果实长圆形，绿白色，嫩时可食。

③刊木：砍伐树木。

④遗（wèi）：赠送。

茶 碗

碗，越州上，鼎州次，婺州次，岳州次，寿州、洪州次。或者以邢州处越州上，殊为不然。若邢瓷类银^①，越瓷类玉^②，邢不如越一也；若邢瓷类雪，则越瓷类冰，邢不如越二也；邢瓷白而茶色丹，越瓷青而茶色绿，邢不如越三也。(《茶经·四之器》)

【注释】

①邢瓷：唐代官窑之一，盛产白瓷，窑址在邢台市临城县与内丘县一带。

②越瓷：陶瓷之一种，源于商朝中期，以浙江绍兴为盛产区，釉色以淡青为主。

茶 壶

茶壶窑器为上，锡次之。茶杯汝、官、哥、定，如未可多得，则适意者为佳耳。或问茶壶毕竟宜大宜小？茶壶以小为贵，每一客，壶一把，任其自斟自饮，方为得趣①。何也？壶小则香不涣散，味不耽阁②，况茶中香味，不先不后，只有一时。太早则未足，太迟则已过。酌见得恰好，一泻而尽。化而裁之，存乎其人，施于他茶亦无不可。(《岕茶笺》)

【注释】

①得趣：领会情趣。

②耽阁：即"耽搁"，耽误、延迟。

壶于茶具，用处一耳。而瑞草名泉①，性情攸寄②，实仙子之洞天福地③，梵王之香海莲邦④。审厥尚焉，非日好事已也。故茶至明代，不复碾屑和香药制团饼，此已远过古人。近百年中，壶黜银锡及闽豫瓷，而尚宜兴陶，又近人远过前人处也。陶曷取诸？取诸其制。以本山土砂，能发真茶之色香味，不但杜工部云"倾银注玉惊人眼"⑤，高流务以免俗也。至名手所作，一壶重不数两，价重每一二十金，能使土与黄金争价，世日趋华，抑足感矣。因考陶工陶土而为之系。(《阳羡茗壶系》)

【注释】

①瑞草：茶之雅称。

②攸寄：有所寄寓。

③洞天福地：指神道居住的名山圣地，后多比喻风景优美的地方。

④香海：佛经指须弥山周围的海，借指佛门。莲邦：佛教中"极乐世界"的别名。

⑤杜工部：即杜甫，字子美，自号少陵野老。祖籍襄阳，河南巩县（今河南巩义）人。别号杜少陵、杜工部。唐代伟大的现实主义诗人，与李白合称"李杜"。

茶盏（瓯）

盏色贵青黑，玉毫条达者为上①，取其燠发茶采色也②。底必差深而微宽，底深则茶宜立而易于取乳③，宽则运筅旋彻不碍击拂，然须度茶之多少。用盏之大小，盏高茶少则掩蔽茶色，茶多盏小则受汤不尽。盏惟热则茶发立耐久。（《大观茶论》）

【注释】

①玉毫条：宋人斗茶，茶汤尚白色，所以喜欢用青黑色茶杯，以相互衬托。其中尤其看重黑釉上有细密的白色斑纹，古人称为"兔毫斑"。

②燠（yù）：暖、热。

③取乳：宋人斗茶，以茶面泛出的汤茶色白为止，"乳"即指白色汤花。

茶色白，宜黑盏，建安所造者绀黑^①，纹如兔毫，其坯微厚，熁之久热难冷^②，最为要用。出他处者，或薄或色紫，皆不及也。其青白盏，斗试家自不用。（蔡襄《茶录》）

【注释】

①绀（gàn）：稍微带红的黑色。

②熁（xié）：用火烤。

茶瓯，古人多用建安所出者^①，取其松纹兔毫为奇^②。今淦窑所出者与建盏同^③，但注茶色不清亮，莫若饶瓷为上^④，注茶则清白可爱。（朱权《茶谱》）

【注释】

①建安：福建古郡之一，郡府驻地在今建瓯市。

②兔毫：即兔毫盏，指福建建阳窑烧制的黑釉茶盏（建盏），因窑变色彩流纹如兔毛毫发而得名。

③淦窑：指江西淦水一带生产的瓷器。

④饶瓷：指江西景德镇生产的瓷器。

茶　焙

焙，凿地深二尺，阔二尺五寸，长一丈，上作短墙，高二尺，泥之。（《茶经·二之具》）

茶焙编竹为之裹以箬叶^①，盖其上，以收火也。隔其中，以有容也。纳火其下去茶尺许，常温温然②，所以养茶色香味也。
（蔡襄《茶录》）

【注释】

①箬（ruò）：竹子的一种，叶大，可供编制器物、包物等用。

②温温然：温暖貌。

茶　笼

籝①，一曰篮，一曰笼，一曰筥②。以竹织之，受五升，或一斗、二斗、三斗者，茶人负以采茶也。（《茶经·二之具》）

【注释】

①籝（yíng）：箱笼一类的竹器。

②筥（jǔ）：圆形的竹筐。

茶不入焙者①，宜密封裹，以箬笼盛之，置高处，不近湿气。
（蔡襄《茶录》）

【注释】

①焙：指茶焙，可在下面加火用以焙茶。

砧　椎

杵臼①，一曰碓②，惟恒用者佳。（《茶经·二之具》）

【注释】

①杵臼：杵与臼，舂捣粮食或药物等的工具。

②碓（duì）：舂米用具，用柱子架起一根木杠，杠的一端装一块圆形的石头，用脚连续踏另一端，石头就连续起落，去掉下面石臼中的糙米的皮。

砧椎①：砧椎盖以砧茶；砧以木为之；椎或金或铁，取于便用。（蔡襄《茶录》）

【注释】

①砧：砧板。椎：敲打用的一种工具，现通常写作"槌"。

茶 钤

茶钤①屈金铁为之，用以炙茶。

茶或经年②，则色香味皆陈。于净器中以沸汤渍之，刮去膏油一两重乃止，以钤钳之③，微火炙干，然后碎碾。（蔡襄《茶录》）

【注释】

①茶钤：古代炙烤茶饼的器具。

②经年：指经过一年或若干年，也可以说是全年。

③钳：夹取东西的用具。

茶 匙

茶匙要重，击拂有力。黄金为上，人间以银铁为之。竹者轻，建茶不取。（蔡襄《茶录》）

茶匙要用击拂有力，古人以黄金为上，今人以银、铜为之。竹者轻，予尝以椰壳为之，最佳。后得一瞽者[1]，无双目，善能以竹为匙，凡数百枚，其大小则一，可以为奇。特取其异于凡匙，虽黄金亦不为贵也。（朱权《茶谱》）

【注释】

①瞽者：失明的人。

茶　铫

洋铜茶铫[1]，来自海外。红铜荡锡，薄而轻，精而雅，烹茶最宜。（《随见录》）

【注释】

①铫：古代烧水煎茶用的茶具，俗称吊子，属烹器，以金属或陶瓷制成，口大有盖，旁有持柄。今茶吊持柄在上，固定于两侧。

烹茶之水至关键

水之于茶，犹鱼之于水一般。自古以来，茶人对水津津乐道，嗜茶如命，爱水似迷。陆羽在《六羡歌》里说："不羡黄金罍，不羡白玉杯。不羡朝入省，不羡暮入台。千羡万羡西江水，曾向竟陵城下来。"即表明诗人对煎茶之水的偏爱和独到见解。历史上，对烹茶之水的相关论述可谓汗牛充栋，像张又新《煎茶水记》、欧阳修《大明水记》、许次纾《茶疏》、田艺蘅《煮泉小品》、张大复《梅花草堂笔记》、汤蠹仙《泉谱》等，无一例外对水品提出要求。

一般来说，煮茶之水以泉水为上，江河水次之，井水又次之，雪水为下。煮茶之水要远离市井、少污染、重活水、恶死水。在相关讨论中，饮茶之水的好坏优劣也逐渐浮出水面，争论正名也此起彼伏。以泉水为例，用"天下第一泉"为噱头的全国就有四五处，比如镇江中泠泉、庐山谷帘水、济南趵突泉、云南安宁碧玉泉等。不过总体而言，对于天下名泉水质有几个"潜规则"：第一，水要洁净、甘甜。蔡襄《茶录》说："水泉不甘，能损茶叶。"第二，水要活而鲜。唐庚《斗茶记》云："水不问江井，要之贵活。"即流动的活水为上。第三，汲水之后，贮存要得法。一般不要在阳光下暴晒，要置于阴凉处，覆以棉纱，使其英华不散。明人许次纾《茶疏》说："水性忌木，松杉为甚，木桶贮水，其害滋甚，洁瓶为佳耳。"

现代研究还证明，泡茶之水也要看水之软硬以及酸碱程度，硬水多钙镁离子，当 pH 大于 5 时，茶汤就会变深。水中铁离子越高，茶水越黑，含钙过高会晦涩，含铅过高会变苦。

扬子中泠水

往时江中惟称南零水①，陆处士辨其异于岸水②，以其清澈而味厚也，今称中泠。往时金山属之南岸③，江中惟二泠。盖指石簰山南北流也。今金山论入江中，则有三流水。故昔之南泠，乃列为中泠尔。中泠有石骨，能渟水不流④，澄凝而味厚⑤。今山僧惮汲险凿，西麓一井代之，辄指为中泠，非也。（徐献忠《水品》）

【注释】

①南零水：中泠泉的别称，位于镇江金山之西的长江江中盘涡险处。唐时已名闻天下，刘伯刍奉为七大水品之首。

②陆处士：指唐代"茶仙"陆羽，古时候称有德才而隐居不愿做官的人为"处士"。

③金山：位于江苏省镇江市西北部。古今闻名的中泠泉就位于金山公园西一里处。

④渟（tíng）：水积聚而不流动。

⑤澄凝：沉静。

无锡惠山寺水①

何子叔皮一日汲惠水遗予，时九月就凉，水无变味，对其使烹食之大佳也。明年，予走惠山，汲煮阳羡斗品②，乃知是石乳③。就寺僧再宿而归。（徐献忠《水品》）

【注释】

①惠山：位于今江苏无锡，其山有"天下第二名泉"惠山泉。

②阳羡斗品：指江苏宜兴所产贡茶阳羡茶。

③石乳：原产于武夷正岩产区慧苑坑、大坑口一带的石乳茶。

京师西山玉泉

玉泉山在西山大功德寺①，西数百步，山之北麓，凿石为螭头②，泉自口出潴而为池③，莹澈照映。其水甘洁，上品也。东流入大内，注都城出大通河④，为京师八景之一。京师所艰得惟佳泉，且北地暑毒，得少憩泉上，便可忘世味尔。

又西香山寺有甘露泉，更佳。道险，远人鲜至，非内人建功德院，几不闻人间矣。（徐献忠《水品》）

【注释】

①功德寺：位于颐和园北宫门西侧，初名护圣寺，在元代时称为"大承天护圣寺"，建筑年代不详。后经明清两代重建，改名为"功德寺"。

②螭头：古代碑额、殿柱、殿阶及印章等之上所刻的螭形花饰。螭，古代传说的一种动物，蛟龙之属。

③潴（zhū）：积聚。

④大通河：即通惠河，元代郭守敬主持挖建的漕运河道，至元二十九年（1292年）开工，至元三十年（1293年）完工，元世祖将此河命名为通惠河。最早开挖的通惠河自昌平县白浮村神山泉经瓮山泊（今昆明湖）至积水潭、中南海，自文明门（今崇文门）外向东，在今天的朝阳区杨闸村向东南折，至通州高丽庄（今张家湾村）入潞河（今北运河故道），全长82公里。

济南诸泉

济南名泉七十有二，论者以瀑流为上，金线次之，珍珠又次之。若玉环、金虎、柳絮、皇华、无忧及水晶簟，皆出其下。所谓瀑流者，又名趵突①，在城之西南，泺水源也②。其水涌瀑而起，久食多生颈疾。金线泉有纹如金线。珍珠泉今王府中，不待振足附掌，自然涌出珠泡。恐皆山气太盛，故作此异状也。然昔人以三泉品居，上者以山川景象秀朗而言尔，未必果在七十二泉之上也。有杜康泉者，在舜桐西庑③，云杜康取此酿酒④。昔人称扬手中泠水，每升重二十四铢，此泉止减中泠一铢。今为覆屋而堙，或去庑屋受雨露则灵气宣发也。又大明湖发源于舜泉，为城府特秀处。绣江发源长白山下，二处皆有菱荷洲渚之胜⑤，其流皆与济水合。恐济水隐伏其间，放泉池之多如。（徐献忠《水品》）

【注释】

①趵突：济南三大名胜之一，位于山东省济南市历下区，东临泉城广场，北望五龙潭，位居济南七十二名泉之首。乾隆皇帝南巡时因趵突泉水泡茶味醇甘美，曾册封趵突泉为"天下第一泉"。

②泺水：古水名，源出今山东济南市西南，北流至泺口入古济水（即今黄河）。"泺"的意思是湖泊，古代天下第一泉风景区大明湖是由天下第一泉风景区趵突泉流出的水汇成的（今五龙潭周围），古代称"泺"。

③庑（wǔ）：古代正房对面和两侧的屋子。

④杜康：夏代国君，又名少康。因杜康善酿酒，后世将杜康尊为酒神，制酒业则奉杜康为祖师爷。后世多以"杜康"借指酒。

⑤菱荷：指菱叶与荷叶。洲渚：水中可以居住的地方，大的称洲，小的称渚。

偃师甘露泉

甘泉在偃师东南①，莹澈如练，饮之若饴②。又猴山浮丘冢，建祠于庭下，出一泉澄澈甘美，病者饮之即愈，名浮丘灵泉。（徐献忠《水品》）

【注释】

①偃师：河南省县级市，位于河南中西部地区，南屏嵩岳，北临黄河。偃师因公元前11世纪周武王东征伐纣在此筑城"息偃戎师"而得名，先后有夏、商、东周、东汉、曹魏、西晋、北魏等七个朝代在此建都。

②饴：饴糖，以含有淀粉的物质为原料经糖化和加工制得。

王屋山玉泉圣水

王屋山道家小有洞天①，盖济水之源，源于天坛之巅，伏流至济渎祠②，复见合流至温县虢公台③，入于河，其流汛疾。在医家去疴④，如东阿之胶，青州之白药，皆其伏流所制也。其半山有紫微宫，宫之西至望仙坡，北折一里有玉泉，名玉泉圣水。《真诰》云⑤：王屋山，仙之别天，所谓阳台是也。诸始得道者，皆诣阳台，阳台是清虚之宫，下生鲍济之水，水中有石精，得而服之可长生。（徐献忠《水品》）

【注释】

①王屋山：位于河南省西北部的济源市，东依太行，西接

中条，北连太岳，南临黄河，是中国九大古代名山之一，也是道教十大洞天之首，道教主流全真派圣地。一谓"山中有洞，深不可入，洞中如王者之宫，故名曰王屋也"；一谓"山有三重，其状如屋，故名"。山巅有相传为轩辕氏黄帝所建的祈天之所，名曰"天坛"。

②济渎祠：即长垣市济渎庙，在城隍庙正殿前西侧。

③虢公台：位于温县安乐寨上苑村西部，靠近猪龙河（古济水）的高大土台。周桓王十七年（前703年），周大臣虢仲率诸侯国集结军队进攻晋的曲沃时，在此誓师而得名。

④疴（kē）：重病。

⑤《真诰》：南朝陶弘景编撰，约成书于梁武帝天监年间，是记录东晋南朝时期上清派历史及道术的重要著作。原十卷，后改作二十卷。

泰山诸泉

玉女泉在岳顶之上①，水甘美，四时不竭，一名圣水池。白鹤泉在升元观后，水冽而美。

王母池，一名瑶池②。在秦山之下，水极清，味甘美。崇宁间，道士刘崇鳌石③。

此外有白龙池，在岳西南，其出为漂河，仙台岭南一池，出为汶河；桃花峪出为泮河。天神泉悬流如练，皆非三水比也。天书观傍有醴泉。（徐献忠《水品》）

①玉女泉：位于泰山顶上，出现于宋初。大中祥符元年（1008 年），宋真宗泰山封禅，"车驾升泰山，亲临观焉"，那时候玉女泉旁已有"玉女石像"，宋真宗令人"易以玉石"。

②瑶池：神话传说中西王母所居住的地方。

③甃石：砌石；垒石为壁。

华山凉水泉

华山第二关即不可登越①，凿石窍插木，攀援若猿猱始得上②。其凉水泉，出窦间，芳洌甘美，稍以憩息，固天设神水也。自此至青牛平入通仙观可五里尔。（徐献忠《水品》）

【注释】

①华山第二关：即石门，古人称玄门。

②猿猱（náo）：泛指猿猴。

终南山澄源池

终南山之阴太乙宫者①，汉武因山有灵气，立太乙元君祠于澄源池之侧。宫南三里，入山谷中，有泉出奔，声如击筑②、如轰雷。即澄源派也。池在石镜之上，一名太乙湫③，环以群山，雄伟秀特，势逼霄汉④。神灵降游之所，止可饮勺取甘，不可秽亵⑤。盖灵山之脉络也。杜陵、韦曲列居其北⑥，降生名世有自尔。（徐献忠《水品》）

【注释】

①终南山：又名太乙山、地肺山、中南山、周南山，简称
"南山"，位于陕西省境内秦岭山脉中段，古城长安（西安）之南。
道教名山。

②筑：中国古代的一种击弦乐器，形似筝，有十三条弦，
弦下边有柱。演奏时，左手按弦的一端，右手执竹尺击弦发音。

③湫（qiū）：水池。云霄和天河。

④霄汉：指天空极高处。

⑤秽裹：污秽。

⑥杜陵：地名，在今陕西省西安市东南。古为杜伯国，秦
置杜县，汉宣帝筑陵于东塬上，因名杜陵。韦曲：在今西安市
长安区，因诸韦聚居得名。

金陵八功德水

八功德水在钟山灵谷寺①。八功德者，一消、二冷、三香、
四柔、五甘、六净、七不噎、八除疴。昔山僧法喜②，以所居乏
泉，精心求西域阿耨池水③，七日掘地得之，梁以前常以供御池。
故在峭壁，国初迁宝志塔，水自从之，而旧池遂涸。人以为异，
谓之灵谷者。自琵琶街鼓掌相应，若弹丝声，且志其徒水之灵
也。陆处士足亦未至此水，尚遗品录。予以次上池玉水及菊水者，
盖不但谐诸草木之英而已。

钟阴有梅花水，手掬弄之，滴下皆成梅花。此石乳重厚之

故④，又一异景也。钟山故有灵气，而泉液之佳，无过此二水。（徐献忠《水品》）

【注释】

①钟山：位于南京城东，"江南四大名山"之一。灵谷寺：位于江苏省南京市玄武区紫金山东南坡下，始建于天监十三年（514年），是南朝梁武帝为纪念著名僧人宝志禅师而兴建的"开善精舍"，初名开善寺。明朝时朱元璋亲自赐名"灵谷禅寺"，并封其为"天下第一禅林"。

②法喜：佛教语。谓闻见、参悟佛法而产生的喜悦。《拾遗记》有法喜与隋炀帝的故事。

③阿耨：意译为极微，今译为原子。

④石乳：也称石钟乳，指碳酸盐岩地区洞穴内在漫长地质历史中和特定地质条件下形成的石钟乳、石笋、石柱等不同形态碳酸钙淀积物的总称。

句曲山喜客泉

大茅峰东北有喜客泉①，人鼓掌即涌沸津津散珠昭明②。读书台下附掌泉，亦同此类。茅峰故有丹金，所产当灵木，其泉液宜胜，按陶隐居《真话》云：茅山左右有泉水，皆金玉之津气；又云：水味是清源洞远沾尔，水色白，都不学道居其土、饮其水，亦令人寿考③。是金津润液之所溉耶。今人之好游者，多纪岩壑之胜，鲜及此也。（徐献忠《水品》）

【注释】

①喜客泉：位于江苏镇江句容大茅峰西北麓。泉周以片石砌成，直径3米，游客到泉边击掌后，就会从泉池中冒出水泡，一串串像珍珠项链，故名喜客泉。

②昭明：显明；显著。

③寿考：年高；长寿。

雁荡龙鼻泉

浙东名山自古称天台①，而雁荡不著②。今东南胜地，辄称之。其上有二龙湫③，大湫数百顷，小湫亦不下百顷。胜处有石屏、龙鼻、水屏，有五色异景。石自白龙鼻渗出，下有石涡承之④，作金石声。皆自然景象，非人巧也。小湫今为游僧开泻成田，郡内养荫龙气，在木家为龙楼真气。今泄之，山川之秀顿减矣。（徐献忠《水品》）

【注释】

①天台：即天台山，位于浙江省中东部，地处宁波、绍兴、金华、温州四市的交界地带，西南连仙霞岭，东北遥接舟山群岛，为曹娥江与甬江的分水岭，多悬岩、峭壁、瀑布，素以"佛宗道源、山水神秀"享誉海内外。

②雁荡：主体位于浙江省温州市东北部海滨，小部在台州市温岭南境。以山水奇秀闻名，素有"海上名山、寰中绝胜"之誉，史称中国"东南第一山"。

③湫（qiū）：水池。

④涡：漩涡，急流旋转形成中间低洼的地方。

天目山潭水

浙西名胜必推天目①。天目者，东南各一湫如目也。高巅与层霄北近，灵景超绝，下发清泠，与瑶池同胜。山多云母金沙②。所产吴术、附子、灵寿藤，皆异颖，何下于杞菊水？南北皆有六潭，道险不可尽历，且多异兽，虽好游者不能遍。山深气早寒，九月即闭关，春三月方可出入，其迹灵异，晴空稍起云一缕丽辄大至，盖神龙之窟宅也③。山居谷汲，予有夙慕云。（徐献忠《水品》）

【注释】

①天目：地处浙江省西北部杭州市临安区内，浙皖两省交界处，在杭州至黄山黄金旅游线中段。古名浮玉山，"天目"之名始于汉，有东西两峰，顶上各有一池，长年不枯，故名。

②云母：造岩矿物之一，呈现六方形的片状晶形。

③窟宅：巢穴。

吴兴白云泉

吴兴金盖山①，故多云气。乙末三月与沈生子内晓入山，观望四山缭绕如垣，中间田段平衍②，环视如在甑中，受蒸润也少焉。日出云气渐散，惟金盖独迟，越不易解。予谓气盛必有佳泉水，乃南涉坡陁^③，见大杨梅树下汩汩有声，清泠可爱，急移茶具就之，茶不能变其色。主人言，十里内蚕丝俱汲此煮之，辄光大白，售下注田段可百亩，因名白云泉尔。

吴兴更有杼山珍珠泉^④，如钱塘玉泉可拊掌出珠泡，玉泉多饵五色鱼，秽垢山灵尔^⑤。杼山因僧皎然夙著^⑥。(徐献忠《水品》)

【注释】

①金盖山：位于湖州城南七公里处，又名云巢山，当地人多以云巢山称呼。据清光绪《乌程县志》载："峰势盘旋宛同华盖名。"又因"金盖故多云气，四山缭绕如垣，少焉日出，云气渐收，惟金盖独迟"，故又名云巢。

②平衍：平坦宽广，一望无际。

③坡陁(tuó)：山坡。

④杼山：地处浙江湖州，因夏王杼巡狩至此而得名。唐时，颜真卿、陆羽、皎然等著名文人常在杼山活动。颜真卿在大历八年(773年)十月二十一日为茶圣陆羽建"三癸亭"，因建亭时间是癸丑年癸卯月癸亥日，故名。

⑤秽垢：污浊。比喻过失、缺点。

⑥僧皎然：俗姓谢，字清昼，湖州长城(长兴)人，唐代著名诗僧，东晋名将谢安十二世孙，因皎然更重视谢灵运名气，故自称谢灵运十世孙。夙：早；旧有。

华亭五色泉

松治西南数百步，相传五色泉^①，士子见之，辄得高第^②。今其地无泉，止有八角井，云是海眼。祷雨时，以鱼负铁符下其中，后渔人得之。白龙潭井水甘而冽，不下泉水。所谓五色泉，当是此，非别有泉也。丹阳观音寺、扬州大明寺水，俱入处士品。予尝之，与八角无异。（徐献忠《水品》）

【注释】

①五色泉：位于上海市松江区醉白池公园内，相传道士葛玄炼成仙丹后投丹至此，常涌五泉而得名。

②高第：指科举中试者。

金山寒穴泉

松江治南海中金山上，有寒穴泉^①。按宋毛滂《寒穴泉铭序》云^②：寒穴泉甚甘，取惠山泉并尝，至三四反复，略不觉异。王荆公《和唐令寒穴泉》诗有云^③：山风吹更寒，山月相与清。今金山沦入海中，汲者不至，他日桑海变迁，或仍为岸谷未可知地。（徐献忠《水品》）

【注释】

①寒穴泉：位于上海金山，是一个朝天岩穴，其状似井。绍熙《云间志》载："寒穴泉，在金山。山居大海中，咸水浸灌，泉出山顶独甘冽，朝夕流注不竭。"

②毛滂：字泽民，衢州江山（今浙江江山）人。北宋词人。

③王荆公：指王安石，字介甫，号半山，临川（今江西抚州）人，北宋著名的思想家、政治家、文学家、改革家。

茶汤品鉴长知识

　　对茶的鉴别，是品茗的关键，也是一门大学问，所以历来对品鉴功夫重视尤甚。首先是鉴定真伪。真茶与假茶自有其外形上的区别，陆羽《茶经》说："其树如瓜芦，叶如栀子，花如白蔷薇，实如栟榈，蒂如丁香，根如胡桃。"这便是茶树的基本外在形貌。茶叶由采摘至加工环节，真茶一般比较清香，色泽翠绿；假茶则杂乱杂色，有异味，品相不一。其次是新旧之别。新茶一般是当年春天所产之茶，茶人谓之"尝新"，商人则"抢新"，新茶总体给人"崭新喷香"的感觉；陈旧之茶由于存放过久，氧化严重，一般气味沉闷、涩滞，颜色较深。我国茶区分布较广，有些地方还有夏茶、秋茶，与春茶味道差别也较大。常言道："春茶苦，夏茶涩，要好喝，秋白露。"再次，高山茶与平地茶亦差别较大。自古有高山出好茶的说法，高山茶一般芽叶肥壮、颜色绿、茸毛多、节间长，例如庐山云雾、江苏花果山云雾，一般长在海拔2000多米的高山上，降水较多，适合茶树生长；平地茶则芽叶较小，叶底坚薄，叶片黄绿欠光泽，香气稍低，土壤和生长环境欠佳。

另外，茶之冲沏也比较关键，既要听声辨形，还要注意候汤，不宜过早，也不宜过迟。对于火候的把握也有要视具体情况而定，大火煮茶汤太浓，味道显涩；小火煎则味失之清淡。一杯好茶，应该是火候均匀，色泽清黄，茶汤醇香，啜之令人心旷神怡。

形

次有柑叶茶，树高丈余，径头七八寸，叶厚而圆，状类柑橘之叶。其芽发即肥乳，长二寸许。为食茶之上品。

三曰早茶，亦类柑叶，发常先春[1]，民间采制为试焙者[2]。

四曰细叶茶，叶比柑叶细薄，树高者五六尺，芽短而不乳，今生沙溪山中，盖土薄而不茂也。

五曰稽茶，叶细而厚密，芽晚而青黄。

六曰晚茶，盖稽茶之类，发比诸茶晚，生于社后[3]。

七曰丛茶，亦曰蘖茶，丛生，高不数尺，一岁之间，发者数四，贫民取以为利。(《东溪试茶录》)

【注释】

①先春：早春。

②试焙：试茶，此时茶芽还未完全长出。

③社：指社火，中国汉族民间一种庆祝春节的传统庆典狂

欢活动。

撷茶以黎明①，见日则止②。用爪断芽，不以指揉，虑气汗熏渍③；茶不鲜洁。故茶工多以新汲水自随，得芽则投诸水。凡牙如雀舌谷粒者为斗品④，一枪一旗为拣芽⑤，一枪二旗为次之，余斯为下。茶之始芽萌则有白合⑥，既撷则有乌带⑦，白合不去害茶味，乌蒂不去害茶色。(《大观茶论》)

【注释】

①撷茶：采茶。

②见日：太阳出来。

③熏渍：熏染浸渍。

④雀舌谷粒：茶芽刚刚萌生随即采摘，精制成茶后形似雀舌谷粒细小嫩香。后世"雀舌"成一种优质茶名。斗品：品位最上等的茶。

⑤一枪一旗：指采茶叶的时候，采一个芽加一片叶，芽像古时枪上的矛，叶像下面的旗。下文一枪二旗即一芽二叶。

⑥白合：指两片叶子合抱而生的茶芽。

⑦乌带：当为"乌蒂"，茶芽的蒂头。

茶有小芽，有中芽，有紫芽，有白合，有乌蒂，此不可不辨。小芽者，其小如鹰爪，初造龙团胜雪、白茶①，以其芽先次蒸熟，置水盆中，剔取其精英，仅如针小，谓之水芽，是小芽中之最精者也。中芽，古谓之一枪一旗是也。紫芽，叶之紫者也。白合，乃小芽有两叶抱而生者是也。乌蒂②，茶之蒂头是也。凡茶以水芽为上，小芽次之，中芽又次之。紫芽、白合、乌蒂，皆在所不取，使其择焉而精，则茶之色味无不佳；万一杂之以所不取，则首面不匀，色浊而味重也。(《北苑别录》)

【注释】

①龙团胜雪：福建失传的名茶，是宋代三十八款名茶之一。北宋宣和二年（1120 年），漕臣郑可简创制了一款可以说是旷世绝品的新茶，把之前流行的大、小龙凤团都比下去了。他是用"银丝水芽（小芽中最精的状若针毫的才被称作'水芽'）"精制而成，因其茶品色白如雪，故名为"龙园胜雪"（也有文献称"龙团胜雪"）。白茶：宋徽宗时期制造，《大观茶论》载："白茶自为一种，与常茶不同，其条敷阐，其叶莹薄，崖林之间，偶然生出，虽非人力所致……芽英不多，尤难蒸焙，汤火一失，则已变为常品。"宋徽宗谈到的白茶，并非今日的白茶，而是产自宋代皇家茶山福建北苑御焙茶山，制作工艺大概是先蒸后压，形成北宋最为典型的饼团模样。

②乌蒂：也称"乌带"，茶芽的蒂头。

采茶不必太细，细则芽初萌而味欠足；不必太青，青则茶已老而味欠嫩。须在谷雨前后，觅成梗带叶微绿色，而团且厚者为上。更须天色晴明，采之方妙。若闽广岭南，多瘴疠之气①，

必待日出山霁②，雾障岚气收净，采之可也。谷雨日晴明采者，能治痰嗽，疗百疾。(《茶说》)

【注释】

①瘴疠（lì）：指热带或亚热带潮湿地区流行的恶性疟疾等传染病。

②霁（jì）：雪或雨后转晴。

茶之妙，在乎始造之精。藏之得法，泡之得宜。优劣定乎始锅，清浊系乎末火①。火烈香清，锅寒神倦。火猛生焦，柴疏失翠。久延则过熟，早起却还生。熟则犯黄，生则着黑。顺那则甘②，逆那则涩。带白点者无妨，绝焦点者最胜。(《茶录·辨茶》)

【注释】

①末火：最后一把火。

②那：同"挪"，指炒茶的方向。

声

其沸如鱼目①，微有声为一沸，缘边如涌泉连珠为二沸，腾波鼓浪为三沸，已上水老不可食也。初沸则水合量，调之以盐味，谓弃其啜余，无乃而钟其一味乎？第二沸出水一瓢，以竹箓环激汤心，则量末当中心，而下有顷势若奔涛，溅沫以所出水止之，而育其华也②。(《茶经·五之煮》)

【注释】

①鱼目：煮茶时泛起的水泡如鱼眼睛一般，指初沸。

②华：指汤花。

如初声、转声、振声、骇声，皆为萌汤^①，直至无声，方是纯熟。

炉火通红，茶铫始上。扇起要轻疾，待汤有声，稍稍重疾，斯文武火之候也^②。（张源《茶录》）

【注释】

①萌汤：水刚煮开之时。

②文武火：指煮茶之火由小及大，小者为文火，大者为武火。

水一入铫^①，便须急煮。候有松声，即去盖，以消息其老嫩。蟹眼之后，水有微涛，是为当时，大涛鼎沸，旋至无声，是为过时。（许次纾《茶疏》）

【注释】

①铫：一种小型炊具，有柄及出水口，用来烧开水或熬煮东西。

始则鱼目散布，微微有声，中则四边泉涌，累累连珠^①，终则腾波鼓浪^②，水气全消，谓之老汤。（钱椿年《茶谱》）

【注释】

①累累：一串连着一串。

②腾波鼓浪：像波浪一样沸腾，指三沸。

蟹眼已过鱼眼生，飕飕欲作松风鸣[1]。蒙茸出磨细珠落[2]，眩转绕瓯飞雪轻。银瓶泻汤夸第二[3]，未识古人煎水意。（苏轼《试院煎茶》）

【注释】

①飕飕：象声词，风吹松林的声音，形容水沸声。

②蒙茸出磨细珠落：磨茶时茶叶的粉末、白毫纷纷落下。蒙茸，蓬松。

③银瓶：银制煎水汤瓶，点茶的用具。

色

茶之范度不同[1]，如人之有首面也。膏稀者，其肤蹙以文[2]；膏稠者，其理歛以实[3]；即日成者，其色则青紫；越宿制造者，其色则惨黑。有肥凝如赤蜡者。末虽白，受汤则黄；有缜密如苍玉者，末虽灰，受汤愈白。有光华外暴而中暗者，有明白内备而表质者，其首面之异同，难以概论，要之，色莹彻而不驳[5]，质缜绎而不浮，举之凝结，碾之则铿然，可验其为精品也。有得于言意之表者，可以心解，又有贪利之民，购求外焙已采之芽，假以制造，碎已成之饼，易以锛模。虽名氏采制似之，其肤理色泽，何所逃于鉴赏哉。

点茶之邑^⑥，以纯白为上真，青白为次，灰白次之，黄白又次之。天时得于上，人力尽于下，茶必纯白。天时暴暄^⑦，芽萌狂长，采造留积，虽白而黄矣。青白者蒸压微生。灰白者蒸压过熟。压膏不尽，则色青暗。焙火太烈，则色昏赤。(《大观茶论》)

【注释】

①范度：品类式样。

②蹙（cù）：皱；收缩。

③歙（xī）：通"翕"。收缩，敛息。

④越宿：隔夜。

⑤莹彻：见"莹澈"，莹洁透明。

⑥邑：泛指一般城镇。

⑦暴暄：温暖和缓。

茶色贵白。白而味觉甘鲜，香气扑鼻，乃为精品。盖茶之精者，淡固白，浓亦白，初泼白，久贮亦白。味足而色白，其香自溢，三者得则俱得也。近好事家^①，或虑其色重，一注之水，投茶数片，味既不足，香亦香然，终不免水厄之诮耳^②。虽然，尤贵择水。（罗廪《茶解》）

【注释】

①好事：爱管闲事；喜欢做不该做的事。

②水厄：三国魏晋以后，渐行饮茶，其初不习饮者，戏称

为水厄。后亦指嗜茶。诮：讥讽。

　　茶色以白以绿为佳，或黄或黑失其神韵者，芽叶受奄之病也①。善别茶者，若相士之视人气色②，轻清者上，重浊者下，瞭然在目③，无容逃匿④。若唐宋之茶，既经碾罗，复经蒸模，其色虽佳，决无今时之美。（黄龙德《茶说》）

【注释】

　　①奄：气息微弱。

　　②相士：旧时以谈命相为职业的人。

　　③瞭然：十分清楚。

　　④逃匿：逃亡后，将自己藏匿起来。

　　论干葩，则色如霜脸荙荷①。论醾汤②，则色如蕉盛新露。始终惟一，虽久不渝，是为嘉耳。丹黄昏暗，均非可以言佳。（程用宾《茶录》）

【注释】

　　①荙（jì）荷：指菱叶与荷叶。

　　②醾（shī）：斟。

　　茶以芳洌洗神，非读书谈道，不宜亵用①。然非真正契道之士②，茶之韵味，亦未易评量。余尝笑时流持论③，贵嘶声之曲④，无色之茶。嘶近于哑，古之绕梁遏云⑤，竟成钝置⑥。茶

若无色，芳冽必减，且芳与鼻触，冽以舌受，色之有无，目之所审。根境不相摄，而取衷于彼，何其谬耶！（《六研斋笔记》）

【注释】

　　①衷：轻慢、不庄重。

　　②契：用刀子雕刻。

　　③时流持论：世俗之辈的主张、立论。

　　④嘶声之曲：声嘶力竭的音乐。借指流行俗乐。

　　⑤绕梁遏云：余声嘹亮，响彻云霄。

　　⑥钝置：亦作"钝致"，折磨；折腾。

香

　　茶有真香，非龙麝可拟①。要须蒸及熟而压之，及干而研，研细而造，则和美具足②。入盏则馨香四达，秋爽洒然③。或蒸气如桃仁夹杂，则其气酸烈而恶。（《大观茶论》）

【注释】

　　①龙麝：龙涎香与麝香的并称。泛指香料。拟：比得上。

　　②具足：具备。

　　③洒然：指清凉爽快。

　　茶难于香而燥，燥之一字，唯真岕茶足以当之①。故虽过饮，亦自快人。重而湿者，天池也。茶之燥湿，由于土性，不系人事。

　　茶须徐啜②，若一吸而尽，连进数杯，全不辨味，何异佣作③。

卢仝七碗亦兴到之言④，未是实事。

山堂夜坐，手烹香茗，至水火相战，俨听松涛⑤，倾泻入瓯，云光缥渺，一段幽趣，故难与俗人言。（罗廪《茶解》）

【注释】

①芥（jiè）茶：明清时的贡茶。宜兴产的茶在唐宋称为阳羡茶，到了明清称为芥之茶。"芥"通"岕"，意为介于两山峰之间的空旷地。

②徐啜：慢慢饮，细细品。

③佣作：受雇为人工作。

④卢仝七碗：指卢仝所作《七碗茶歌》，其歌言品饮新茶给人的美妙意境：第一碗喉吻润；第三碗便能让诗人文字五千卷，神思敏捷；第四碗，平生不平之事都能抛到九霄云外；喝到第七碗时，欲乘清风归去，到人间仙境蓬莱。卢仝，自号玉川子，"初唐四杰"卢照邻之孙，祖籍范阳（河北省涿州），出生于河南济源，唐代诗人。少时饱读典籍，不愿仕进，被尊称为"茶仙"。

⑤俨：恭敬，庄重。

茶有真香。而入贡者微以龙脑和膏①，欲助其香。建安民间皆不入香②，恐夺其真。若烹点之际，又杂珍果香草，其夺益甚。正当不用。（蔡襄《茶录》）

【注释】

①龙脑：又名梅片，名贵的香料和中药，具有止痛消肿作用。

②建安：福建古郡之一，郡府驻地在今建瓯市。

茶有真香，无容矫揉①。炒造时草气既去，香气方全，在妙造得法耳。烹点之时，所谓坐久不知香在室，开窗时有蝶飞来。如是光景，此茶之真香也。少加造作，便失本真。遐想龙团金饼②，虽极靡丽，安有如是清美。（黄龙德《茶说》）

【注释】

①矫揉：指矫正；整饬。矫，使曲的变直。揉，使直的变曲。

②龙团金饼：唐宋时的一种饼茶，因绘有龙凤图案而得名。

茶有真乎，曰有。为香，为色，为味，是本来之真也。抖擞精神①，病魔敛迹，曰真香。清馥逼人②，沁人肌髓，曰奇香。不生不熟，闻者不置，曰新香。恬澹自得，无臭可伦，曰清香。（程用宾《茶录》）

【注释】

①抖擞：振作；奋发。

②清馥：清香。

味

夫茶以味为上。香甘重滑，为味之全。惟北苑壑源之品兼之①。其味醇而乏风骨者，蒸压太过也。茶枪乃条之始萌者②，木性酸，枪过长则初甘重而终微涩，茶旗乃叶之方敷者③，叶味

苦，旗过老则初虽留舌而饮彻反甘矣。此则芽胯有之，若夫卓绝之品，真香灵味，自然不同。(《大观茶论》)

【注释】

①北苑：在今福建建瓯凤凰山，因地处当时闽国北部，故称"北苑茶园"。壑源：位于福建建瓯，是建安郡东望北苑之南山，为宋北苑外焙产茶最好之地。

②茶枪：茶未展的嫩芽。

③茶旗：指茶展开的芽。

然瀹茶之法①，汤欲嫩而不欲老，盖汤嫩则茶味甘，老则过苦矣。若声如松风涧水而遽瀹之②，岂不过于老而苦哉！惟移瓶去火，少待其沸止而瀹之，然后汤适中而茶味甘。此南金之所未讲者也③。因补以一诗云："松风桧雨到来初，急引铜瓶离竹炉。待得声闻俱寂后，一瓯春雪胜醍醐④。"(《鹤林玉露》)

【注释】

①瀹(yuè)茶：煮茶。

②遽(jù)：立即；赶快。

③南金：本以为南方出产的铜，这里比喻南方的优秀人才。

④春雪：指茶水。醍醐：本指酥酪上凝聚的油，这里喻指美酒。

茶贵甘润，不贵苦涩，惟松萝、虎丘所产者极佳①，他产皆不及也。亦须烹点得应，若初烹辄饮，其味未出，而有水气。泛久后尝，其味失鲜，而有汤气。试者先以水半注器中，次投茶入，然后沟注。视其茶汤相合，云脚渐开②，乳花沟面。少啜则清香芬美，稍益润滑而味长，不觉甘露顿生于华池。或水火失候，器具不洁，真味因之而损，虽松萝诸佳品，既遭此厄，亦不能独全其天，至若一饮而尽，不可与言味矣。（黄龙德《茶说》）

【注释】

①松萝：指黄山市休宁县休歙边界黄山余脉松萝山。虎丘：位于苏州城西北郊，距城区中心 5 公里，为苏州西山之余脉。

②云脚：茶的别称。

甘润为至味①，淡清为常味，苦涩味斯下矣。乃茶中着料，盏中投果，譬如玉貌加脂，蛾眉施黛②，翻为本色累也。（程用宾《茶录》）

【注释】

①甘润：甘甜滋润。

②蛾眉：美人的秀眉，喻指美女。黛：古代女子用来画眉的青黑色颜料。

煎用活火，候汤眼鳞鳞起①，沫饽鼓泛②，投茗器中。初入汤少许，俟汤茗相投即满注。云脚渐开，乳花浮面，则味全。

盖古茶用团饼碾屑，味易出。叶茶骤则乏味，过熟味昏底滞。(陆树声《茶寮记》)

【注释】

①鳞鳞：形容水泡像鱼鳞一样渐次浮起。

②沫饽：茶水煮沸时产生的浮沫。

明·唐寅 《事茗图》（局部）

明·仇英 《赵孟頫写经换茶图》

清代画院 《十二月令图》

茶书余韵播芬芳

世界最早的茶书:《茶经》

陆羽是唐代著名的茶学家，一生嗜茶，精于茶道，被后人尊称为"茶圣"。安史之乱后，隐居苕溪（今浙江湖州），开始专门从事茶艺研究。唐代宗永泰元年（765年），陆羽完成了《茶经》的撰写工作，这部堪称里程碑式的著作总结了我国唐以前的茶叶种植经验和饮茶体验，也是我国乃至世界史上现存最早、最完整、最全面的茶叶专著。

《茶经》分上、中、下三卷，共十章，除前四章讲茶之起源、制茶工具、造茶方法与产区外，其余六章主要谈煮茶要领、技艺与规范。如"四之事"详细描述了茶道所需的24种器皿，包括质地、规格、造型、纹饰、用途等；"七之事"罗列历史上与茶饮有关的典故与名人逸事，以为美谈；"十之图"则将《茶经》所述的茶事活动绘成图画，挂在茶席一角，供参与者看得明白。另，陆羽在《茶经》中提出"精行俭德"的茶道思想，即通过茶事活动，陶冶情操，使人成为行为俭朴、品德高尚之人，为推动我国的茶艺文化做出了卓越贡献。

一之源

茶者，南方之嘉木也^①，一尺、二尺乃至数十尺。其巴山峡川^②，有两人合抱者，伐而掇之^③。其树如瓜芦^④，叶如栀子，花如白蔷薇，实如栟榈^⑤，蒂如丁香，根如胡桃。

野者上，园者次。阳崖阴林，紫者上，绿者次；笋者上，牙者次；叶卷上，叶舒次^⑥。阴山坡谷者，不堪采掇，性凝滞^⑦，结瘕疾^⑧。

【注释】

①嘉木：优良树木。

②巴山峡川：在四川东部、重庆和湖北西部一带，是唐代的重要茶叶产地。

③掇（duō）：摘取，拾取。

④瓜芦：植物名，皋芦的别称。

⑤栟（bīng）榈：木名，即棕榈。

⑥笋者上，牙者次；叶卷上，叶舒次：芽叶细长如笋者为好，细弱者较次；叶片卷者为初生故质量好，舒展平直者质量次。

⑦凝滞：凝结不散。

⑧瘕（jiǎ）：肚子里的肿块。

三之造

凡采茶，在二月、三月、四月之间。

茶之笋者①，生烂石沃土，长四五寸，若薇蕨始抽②，凌露采焉。茶之牙者③，发于丛薄之上，有三枝、四枝、五枝者，选其中枝颖拔者采焉。

其日有雨不采，晴有云不采，晴，采之。蒸之、捣之、拍之、焙之、穿之、封之，茶之干矣。

【注释】

①笋者：指芽叶笋状的。

②薇蕨：指薇和蕨。嫩叶皆可作蔬，为贫苦者所常食。

③牙者：指芽叶牙状的。

六之饮

翼而飞①，毛而走②，呿而言③，此三者俱生于天地间，饮啄以活，饮之时义远矣哉④！至若救渴，饮之以浆；蠲忧忿⑤，饮之以酒；荡昏寐，饮之以茶。

天育万物，皆有至妙，人之所工，但猎浅易⑥。所庇者屋，屋精极；所著者衣，衣精极；所饱者饮食，食与酒皆精极之。茶有九难：一曰造，二曰别⑦，三曰器，四曰火，五曰水，六曰炙，七曰末，八曰煮，九曰饮。

【注释】

①翼而飞：指飞禽。

②毛而走：指走兽。

③呿（qū）：张开嘴的样子。

④时义：现实的意义。

⑤蠲（juān）：消除。

⑥但猎浅易：意谓只是涉及一般的生活。

⑦别：鉴别。

唯一的帝王茶书:《大观茶论》

宋徽宗赵佶,宋代第八位皇帝,虽然当皇帝不怎么称职,甚至有些荒淫无度,但却是一位具有极高艺术修养的君主,在书法、绘画、文学等领域颇有造诣。宋徽宗好茶,为此还画了一幅《品茶图》。据文献载,他曾亲自为臣子调茶,望之"白乳浮盏面,如疏心朗月"。他也曾亲自参与斗茶,君臣之间其乐融融。为了阐述他的茶学之道,专门写了一部《大观茶论》。

《大观茶论》一书既是宋徽宗对前人成果的总结,也有自己的品茗经验。全书12篇,约2800字,涉及产地、天时、采摘、制作、鉴别等,内容极广。总体而言,首先介绍了当时北苑贡茶的种植、加工技艺,其次介绍了如何甄别茶饼,再次是点茶和斗茶艺术,提出"七汤"点茶法,是全篇中最精彩也最繁复之处。他提出采茶应该在上午太阳出来之前,这样才能色泽晶莹、质地优良、罗碾铿然,反对大面积种植,以次充好等,都为我们一窥宋代的茶学文化提供了诸多便利。

茶工作于惊蛰[①]，尤以得天时为急。轻寒，英华渐长[②]；条达而不迫，茶工从容致力，故其色味两全。若或时旸郁燠[③]，芽奋甲暴，促工暴力随稿，晷刻所迫[④]，有蒸而未及压，压而未及研，研而未及制，茶黄留积，其色味所失已半。故焙人得茶天为庆。(《大观茶论·天时》)

【注释】

①作：指采茶活动。

②英华：茶芽。

③郁燠(yù)：闷热，烦闷。

④晷刻：日晷与刻漏，古代的计时仪器。这里指时间。

涤芽惟洁，濯器惟净，蒸压惟其宜，研膏惟熟，焙火惟良。饮而有少砂者，涤濯之下精也[①]；文理燥赤者，焙火之过熟也。夫造茶，先度日晷之短长[②]，均工力之众寡[③]，会采择之多少，使一日造成，恐茶过宿，则害色味。(《大观茶论·制造》)

【注释】

①涤濯：洗涤。

②日晷：也称日晷仪，是我国古代观测日影记时的仪器，主要是根据日影的位置，以指定当时的时辰或刻数。

③工力：指一项工作所需要的人力。

世称外焙之茶[①]，脔小而色驳[②]，体耗而味淡。方正之焙，昭然则可。近之好事者，箧笥之中③，往往半之，蓄外焙之品。盖外焙之家，久而益工，制之妙，咸取则于壑源④，效像规模摹外为正，殊不知其宵虽等而蔑风骨，色泽虽润而无藏畜⑤，体虽实而缜密乏理，味虽重而涩滞乏香，何所逃乎外焙哉？虽然，有外焙者，有浅焙者。盖浅焙之茶，去壑源为未远，制之能工，则色亦莹白，击拂有度，则体亦立汤，惟甘重香滑之味，稍远于正焙耳。于治外焙，则迥然可辨。其有甚者，又至于采柿叶桴榄之萌⑥，相杂而造。时虽与茶相类，点时隐隐如轻絮，泛然茶面，粟文不生⑦，乃其验也。桑苎翁曰⑧："杂以卉莽⑨，饮之成病。"可不细鉴而熟辨之。(《大观茶论·外焙》)

【注释】

①外焙：不是由官方正式设置的焙茶处所，亦即个人私设的茶叶加工制造场所。

②宵小而色驳：指茶叶叶体瘦小，颜色不正。宵，切碎的肉块。驳，一种颜色夹杂着别种颜色。

③箧笥（cè sì）：用竹片或木片编制成的方形容器。

④壑源：在今福建崇安，所产贡茶为宋代极品。

⑤藏畜：收藏。

⑥榄：木名，橄榄的省称。

⑦粟文：粟粒状纹理。

⑧桑苎翁：即陆羽，字鸿渐，号桑苎翁、竟陵子等。

⑨卉莽：花卉草木。

中国第一部茶具图谱:《茶具图赞》

　　审安老人，真实姓名、生平皆不详，约宋末时人。他在宋咸淳五年（1269年）集宋代点茶用具之大成，以传统的白描方式绘制了十二件茶具图形，称之为"十二先生"。《茶具图赞》是世界历史上第一部图谱形式的茶学专著，该书集绘宋代著名茶具，每件均有赞语，并假以宋代职官名氏称之，计有韦鸿胪（茶焙）、木待制（茶臼）、金法曹（茶碾）、石转运（茶磨）、胡员外（茶瓢）、罗枢密（茶罗）、宗从事（茶帚）、漆雕秘阁（盏托）、陶宝文（茶盏）、汤提点（汤瓶）、竺副帅（茶筅）、司职方（茶巾），足见当时上层社会对茶具的钟爱之情。此书保存了大量的古代茶具形制，其中铁碾槽、石磨、罗筛等为宋时制造团茶专用，明朝已无这些器具，为中国茶具文化的研究奠定了图像学基础。

韦鸿胪①

赞曰：祝融司夏，万物焦烁，火炎昆岗②，玉石俱焚，尔无与焉。乃若不使山谷之英堕于涂炭，子与有力矣。上卿之号，颇著微称。

木待制③

赞曰：上应列宿，万民以济，禀性刚直，摧折强梗，使随方逐圆之徒④，不能保其身，善则善矣，然非佐以法曹、资之枢密，亦莫能成厥功。

金法曹⑤

赞曰：柔亦不茹，刚亦不吐⑥，圆机运用，一皆有法，使强梗者不得殊轨乱辙，岂不韪欤？

石转运⑦

赞曰：抱坚质，怀直心，啖嚅英华⑧，周行不怠⑨，斡摘山之利⑩，操漕权之重，循环自常，不舍正而适他，虽没齿无怨言。

胡员外⑪

赞曰：周旋中规而不逾其闲，动静有常而性苦其卓，郁结之患悉能破之，虽中无所有而外能研究，其精微不足以望圆机之士⑫。

罗枢密⑬

机事不密则害成，今高者抑之，下者扬之，使精粗不致于混淆，人其难诸！奈何矜细行而事喧哗⑭，惜之。

宗从事⑮

赞曰：孔门高弟，当洒扫应对事之末者，亦所不弃。又况能萃其既散⑯，拾其已遗，运寸毫而使边尘不飞，功亦善哉。

漆雕秘阁⑰

赞曰：危而不持，颠而不扶，则吾斯之未能信。以其弭执热之患，无坳堂之覆[18]，故宜辅以宝文而亲近君子。

陶宝文[19]

赞曰：出河滨而无苦窳[20]，经纬之象，刚柔之理，炳其硎中[21]。虚己待物，不饰外貌，休高秘阁，宜无愧焉。

汤提点[22]

赞曰：养浩然之气，发沸腾之声，以执中之能，辅成汤之德[23]，斟酌宾主间，功迈仲叔圉[24]。然未免外烁之忧，复有内热之患，奈何。

竺副帅[25]

赞曰：首阳饿夫[26]，毅谏于兵沸之时，方今鼎扬汤能探其沸者几希。于之清节，独以身试，非临难不顾者，畴见尔[27]。

司职方[28]

赞曰：互乡童子[29]，圣人犹与其进。况端方质素[30]，经纬有理，终身涅而不缁者[31]，此孔子所以与洁也。

【注释】

①韦鸿胪：指茶焙笼。韦，表明由坚韧的竹制成。鸿胪，执掌朝祭礼仪的机构。"胪"与"炉"谐音双关。

②昆岗：昆仑山的古称。

③木待制：指茶臼。姓"木"，表明是木制品，"待制"为官职名，为轮流值日，以备顾问之意。

④随方逐圆：指立身行事无定则。

⑤金法曹：指茶碾。姓"金"，表示由金属制成，"法曹"是司法机关。

⑥柔亦不茹，刚亦不吐：典出《诗经·大雅·烝民》："人亦有言，柔则茹之，刚则吐之。维仲山甫，柔亦不茹，刚亦不吐，不侮矜寡，不畏强御。"形容人正直不阿，不欺软怕硬。

⑦石转运：指茶磨。姓"石"，表示用石凿成，"转运使"是宋代负责一路或数路财赋的长官，但从字面上看有辗转运行之意，与磨盘的操作十分吻合。

⑧嚅（rú）：细语。

⑨周行不怠：循环运行，永不衰竭。

⑩摘山：开采矿山，比喻获得资源和利益。

⑪胡员外：指水杓。姓"胡"，暗示由葫芦制成。"员外"是官名。"员"与"圆"谐音，"员外"暗示"外圆"。

⑫圆机：指见解超脱，圆通机变。

⑬罗枢密：指茶筛。姓"罗"，表明筛网由罗绢敷成。"枢密使"是执掌高级军事的最高官员，"枢密"又与"疏密"谐音，和筛子特征相合。

⑭矜细行：注重小事小节。

⑮宗从事：指茶帚。姓"宗"，表示用棕丝制成，"从事"为州郡长官的僚属，专事琐碎杂务。

⑯萃：聚集。

⑰漆雕秘阁：指茶托。复姓"漆雕"，表明外形甚美，也暗

示有两个器具。秘阁为君主藏书之地，宋代有直秘阁，这里有盏托承持茶盏"亲近君子"之意。

⑱坳（ào）堂：堂上的低洼处，堂上的低洼地方。

⑲陶宝文：指茶盏。姓"陶"，表明由陶瓷做成，"宝文"之"文"通"纹"，表示器物有优美的花纹。

⑳苦窳（yǔ）：粗糙质劣。苦，通"盬"。

㉑弸：充满。

㉒汤提点：指汤瓶。姓"汤"即热水，"提点"为官名，含"提举点检"之意，是说汤瓶可用以提而点茶。

㉓成汤：即商汤子姓，名履，商朝开国君主。

㉔仲叔圉：即孔圉，生卒年不详，谥号文，春秋时期卫国大夫，卫灵公时名臣。

㉕竺副帅：指茶筅。姓"竺"，表明用竹制成，副帅指处于辅助地位之意。

㉖首阳饿夫：武王灭商后，邀请商之遗民伯夷、叔齐做官，二人耻于食周粟，饿死在首阳山。

㉗畴：以往；从前。

㉘司职方：指茶巾。姓"司"，表明为丝织品。"职方"是掌管地图与四方的官名，这里借指茶是方形的。

㉙互乡：风俗鄙陋之乡。

㉚端方：正直；正派。

㉛涅而不缁：染也不变黑，比喻不受恶劣环境的影响。